辽宁省高水平特色专业群校企合作开发系列教材

微生物基础

段婷婷 主编

中国林业出版社

内容简介

《微生物基础》是高职院校学生进入微生物学领域学习的基础教材,共分10章,系统地介绍了微生物学的基础知识。主要内容包括绪论、原核生物、真核微生物、病毒和亚病毒、微生物遗传变异、消毒与灭菌、菌种保藏、微生物营养和培养基、微生物生长、微生物生态等。为了便于引导学生自学,每章均列有项目描述、知识目标和能力目标,并在章末配有巩固练习以方便学生自我测试学习效果。本教材内容全面,可供使用者根据需要进行相应选择。

图书在版编目(CIP)数据

微生物基础/段婷婷主编. —北京:中国林业出版社,2021.1
ISBN 978-7-5219-0990-6

Ⅰ.①微… Ⅱ.①段… Ⅲ.①微生物学-高等职业教育-教材 Ⅳ.①Q93

中国版本图书馆 CIP 数据核字(2021)第 009969 号

中国林业出版社·教育分社

策划编辑:范立鹏 高兴荣 肖基浒	责任编辑:曾琬淋
电话:(010)83143630	传真:(010)83143516

出版发行	中国林业出版社(100009 北京市西城区刘海胡同7号)
	E-mail:jiaocaipublic@163.com 电话:(010)83143120
	http://www.forestry.gov.cn/lycb.html
经　　销	新华书店
印　　刷	北京中科印刷有限公司
版　　次	2021年1月第1版
印　　次	2021年1月第1次印刷
开　　本	787mm×1092mm　1/16
印　　张	10.75
字　　数	255千字
定　　价	38.00元

未经许可,不得以任何方式复制或抄袭本书之部分或全部内容。

版权所有　侵权必究

《微生物基础》编写人员

主　编　段婷婷
副主编　蒋绍妍
编　者　王怡然(辽宁生态工程职业学院)
　　　　邢献予(辽宁生态工程职业学院)
　　　　张宝艳(辽宁生态工程职业学院实验林场)
　　　　段婷婷(辽宁生态工程职业学院)
　　　　阎品初(辽宁生态工程职业学院)
　　　　崔昌云(桓仁满族自治县库区林场)
　　　　蒋绍妍(辽宁生态工程职业学院)

前　言

　　《微生物基础》是高职院校学生进入微生物学领域学习的基础教材，共分 10 章，系统地介绍了微生物学的基础知识。主要内容包括绪论、原核生物、真核微生物、病毒和亚病毒、微生物遗传变异、消毒与灭菌、菌种保藏、微生物营养和培养基、微生物生长、微生物生态等。为了便于引导学生自学，每章均列有项目描述、知识目标和能力目标，并在章末配有巩固练习以方便学生自我测试学习效果。本教材内容全面，可供使用者根据需要进行相应选择。

　　本教材可作为职业教育林业类专业、环境类专业教学参考用书。

　　本教材由辽宁生态工程职业学院段婷婷任主编。各项目编写分工如下：第一章、第五章由王怡然、蒋绍妍和张宝艳负责编写，第二章、第三章由阎品初负责编写，第四章、第十章由段婷婷负责编写，第六章、第七章由邢献予、段婷婷和崔昌云负责编写，第八章、第九章由蒋绍妍负责编写。

　　由于时间仓促，加之编写人员水平有限和教学经验不足，书中尚有不当之处，恳请各位同仁及广大读者批评指正，不胜感激。

编　者

2020 年 6 月 20 日

目 录

前 言

第一章 绪论 (1)
 第一节 微生物概述 (2)
 第二节 微生物学概述 (5)
 巩固练习 (8)

第二章 原核生物 (9)
 第一节 原核生物概述 (9)
 第二节 典型原核生物 (13)
 巩固练习 (19)

第三章 真核微生物 (21)
 第一节 真核微生物概述 (21)
 第二节 典型真核微生物 (27)
 巩固练习 (29)

第四章 病毒和亚病毒 (31)
 第一节 病毒 (32)
 第二节 亚病毒 (40)
 第三节 病毒与实践 (42)
 巩固练习 (42)

第五章 微生物遗传变异 (43)
 第一节 遗传变异物质基础 (44)
 第二节 基因突变 (50)
 第三节 基因重组 (56)
 第四节 基因工程 (63)
 巩固练习 (68)

第六章 消毒与灭菌 (70)
 第一节 有害微生物控制概述 (71)
 第二节 物理消毒灭菌方法 (78)
 第三节 化学消毒灭菌方法 (88)
 巩固练习 (98)

第七章 菌种保藏 (99)
第一节 菌种保藏概述 (99)
第二节 菌种保藏方法及菌种检验 (103)
巩固练习 (111)

第八章 微生物营养和培养基 (112)
第一节 微生物营养要素和营养类型 (113)
第二节 营养物质进入细胞的方式 (117)
第三节 培养基 (118)
巩固练习 (124)

第九章 微生物生长 (125)
第一节 微生物生长规律 (126)
第二节 测定微生物生长繁殖的方法 (131)
第三节 微生物培养法概论 (133)
巩固练习 (137)

第十章 微生物生态 (138)
第一节 微生物自然分布与菌种资源开发 (139)
第二节 微生物与生物环境间的关系 (146)
第三节 微生物与自然界物质循环 (150)
第四节 微生物与环境保护 (154)
巩固练习 (162)

参考文献 (163)

第一章 绪论

○ **项目描述：**

　　微生物是一切微小生物的总称，其特点是"小、简、低"，成员主要包括原核类的"三菌"和"三体"共6个大类，以及真核类和非细胞类。由于微生物具有个体微小和杂居混生等特点，因此人类迟至19世纪中叶才真正揭开其本质。微生物的五大共性十分重要，它是微生物对自然界和人类发挥一切重要作用的基础。微生物学的发展促进了人类社会的进步，包括对生命科学基础理论研究，以及对医疗保健、工业发酵、农业生产和环境保护等生产实践的推进。

　　微生物学至今已分化出一系列基础性和应用性分科。微生物学与数学、物理、化学、信息科学和技术的进一步交叉、渗透和融合，既是它的发展趋势，又是它旺盛生命力的所在。

○ **知识目标：**

1. 熟练掌握微生物的概念和分类。
2. 了解微生物与人类的关系。
3. 熟练掌握微生物的五大共性。
4. 了解微生物在当代医疗、工业、农业、环境、生命科学中的作用。
5. 了解微生物学6个分支学科。

○ **能力目标：**

1. 能够准确描述微生物的外形、结构和进化特征。
2. 能够举例说明微生物对人类的贡献和危害。
3. 能够举例解释微生物的"体积小，面积大；吸收多，转化快；生长旺，繁殖快；适应强，易变异；分布广，种类多"。
4. 能够举例说明微生物在当代医疗、工业、农业、环境、生命科学中的作用。
5. 能够从微生物学的研究对象、研究微生物的目的、微生物的应用领域、微生物所处的生态环境、学科间的交叉融合和实验方法技术方面对微生物学的分科进行分类。

第一节 微生物概述

一、微生物的概念

微生物(microorganism)是一切肉眼看不见或看不清的微小生物的总称。它们都是一些个体微小、构造简单的低等生物，包括属于原核类的细菌、放线菌、蓝细菌、支原体、立克次氏体和衣原体，属于真核类的真菌、原生动物和显微藻类，以及属于非细胞类的病毒和亚病毒。

二、微生物的世界

人类对动、植物的认识，可以追溯到人类的出现。可是，对数量无比庞大、分布极其广泛并始终包围在人体内外的微生物却长期缺乏认识，其主要原因就是它们的个体过于微小、群体外貌不扬、种间杂居混生以及形态与其作用的后果之间很难被人认识4个方面等。例如，被称作"世纪瘟疫"的艾滋病，从感染病毒至发病一般要经过12~13年的潜伏期，若没有现代微生物学知识，谁会知道病人的死因就是由极其微小的人类免疫缺陷病毒在作祟？又如，在发霉的花生、玉米等的胚附近，常易生长黄曲霉，会产生剧毒真菌毒素——黄曲霉毒素，若经常食用这类霉变食物，就会诱发肝癌等疾病。若没有微生物学知识，人们无论如何也不会相信自己竟是被这类极不显眼的微生物所害。

由于上述认识微生物的4个障碍未能解决，因此人类在其长期的发展历史中，尽管也有自发地利用酵母菌等若干有益微生物的活动，但更多的还是被各种病原微生物所害，如鼠疫、天花、疟疾、麻风、梅毒、肺结核和流感的大流行等。直至今天，在全球范围内，不但传染病仍是死亡的首因，而且还面临着旧病卷土重来、新病不断出现的严峻形势。

三、微生物的特点

在整个生物界，各种生物体形的大小相差悬殊。植物界的红杉可高达350m，动物界中的蓝鲸可长达34m，而微生物体的长度一般都在数微米甚至纳米范围内。

微生物由于其体形都极其微小，因而具有与之密切相关的5个重要共性，即：体积小，面积大；吸收多，转化快；生长旺，繁殖快；适应强，易变异；分布广，种类多。这五大共性不论在理论上还是在实践上都极其重要，现简单阐述如下。

(1) 体积小，面积大

任何固定体积的物体，如果对其进行三维切割，则切割的次数越多，其所产生的颗粒数就越多，每个颗粒的体积也就越小。这时，如果把所有小颗粒的面积相加，其总数将极其可观。若把某物体单位体积所占有的表面积称为比面值，则物体的体积越小，其比面值就越大。

由于微生物如此突出的小体积、大面积，从而赋予它们不同于一切大生物的五大共性，即一个小体积大面积系统，必然有一个巨大的营养物质吸收面、代谢废物的排泄面和环境信息的交换面，并由此而产生其他4个共性。

(2) 吸收多，转化快

有资料表明，大肠埃希氏菌在 1h 内可分解其自重 1000~10 000 倍的乳糖；产朊假丝酵母合成蛋白质的能力比大豆强 100 倍，比食用牛（公牛）强 10 万倍；一些微生物的呼吸速率比高等动、植物的组织强数十至数百倍。

这个特性为微生物的高速生长繁殖和合成大量代谢产物奠定了基础，从而使微生物能在自然界和人类实践中更好地发挥其超小型"活的化工厂"的作用。

(3) 生长旺，繁殖快

微生物具有极高的生长和繁殖速度。大肠埃希氏菌在合适的生长条件下，细胞分裂 1 次仅需 12.5~20min。若按平均 20min 分裂 1 次计，则 1h 可分裂 3 次，每昼夜可分裂 72 次，这时，原初的一个细菌已产生了 4 722 366 483 万亿个后代，总重约可达 4722t。事实上，由于营养、空间和代谢产物等条件的限制，微生物的几何级数分裂速度充其量只能维持数小时而已。因而在液体培养中，细菌细胞的浓度一般为 1×10^8~1×10^9 个/mL。

微生物的这一特性在发酵工业中具有重要的实践意义，主要体现在它的生产效率高、发酵周期短上。例如，用作发面剂的酿酒酵母，其繁殖速率虽为 2h 分裂 1 次（比上述大肠埃希氏菌低 83.3%），但在单罐发酵时，12h 仍可"收获" 1 次，每年可"收获"数百次，这是其他任何农作物所不可能达到的"复种指数"。这一特性对缓解当前全球面临的人口剧增与粮食匮乏也有重大的现实意义。有人统计，一头 500kg 重的食用公牛，每昼夜只能从食物中"浓缩" 0.5kg 蛋白质；同等重的大豆，在合适的栽培条件下，24h 可生产 50kg 蛋白质；而同样重的酵母菌，只要以糖蜜（糖厂下脚料）和氨水作主要养料，在 24h 内可真正合成 50 000kg 的优良蛋白质。据计算，一个年产 10t 酵母菌的工厂，如果以酵母菌的蛋白质含量为 45% 计，则相当于在 562 500 亩*农田上所生产的大豆蛋白质的量。此外，还有不受气候和季节影响等优点。微生物的这一特性对生物学基本理论的研究也带来极大的优越性，它使科学研究周期大为缩短、空间减少、经费降低、效率提高。当然，对于一些危害人、畜和农作物的病原微生物或会使物品霉腐变质的有害微生物，它们的这一特性则会给人类带来极大的损失或祸害，因而必须认真对待。

(4) 适应强，易变异

微生物对环境条件尤其是地球上那些恶劣的"极端环境"如高温、高酸、高盐、高辐射、高压、低温、高碱、高毒等具有惊人的适应力，堪称生物界之最。

微生物具有极其灵活的适应性和代谢调节机制，这是任何高等动、植物所无法比拟的。试想，一个可以容纳 20 万~30 万个蛋白质分子的大肠埃希氏菌细胞，存在着 2000~3000 种执行不同生理功能的蛋白质，若每种功能平均分配约 100 个蛋白质分子且互不替代或协作，则它们如何保证这一物种在如此复杂的外界环境中长期生存和进化呢？

微生物的个体一般都是单细胞、简单多细胞甚至是非细胞的，它们通常都是单倍体。

---

* 1 亩 ≈ 667m²

加之具有繁殖快、数量多以及与外界环境直接接触等特点，因此即使其变异频率十分低（一般为 $1×10^{-10}$~$1×10^{-5}$），也可在短时间内产生出大量变异的后代。其中有益的变异可为人类创造巨大的经济和社会效益，如产青霉素的菌种产黄青霉菌，每毫升发酵液可分泌超过5万单位的青霉素；有害的变异则是人类各项事业中的大敌，如各种致病菌的耐药性变异菌会使原本已得到控制的相应传染病变得无药可治，而各种优良菌种生产性状的退化则会使生产无法正常维持等。

(5) 分布广，种类多

微生物因其体积小、重量轻和数量多等原因，可以到处传播以致达到"无孔不入"的地步。而且只要条件合适，它们就可"随遇而安"。地球上除了火山的中心区域等少数地方外，从土壤圈、水圈、大气圈至岩石圈，到处都有它们的踪迹。可以认为，微生物将永远是生物圈上、下限的开拓者和各项生存纪录的保持者。不论在动、植物体内外，还是土壤、河流、空气、平原、高山、深海、污水、垃圾、海底淤泥、冰川、盐湖、沙漠，甚至油井、酸性矿水和岩层下，都有大量与其相适应的各类微生物在活动着。

微生物的种类众多主要体现在以下5个方面：

①物种的多样性　迄今为止，人类已描述过的生物总数约200万种。据估计，微生物的总数为50万~600万种，其中已记载过的仅约20万种(1995年)，包括原核生物3500种，病毒4000种，真菌9万种，原生动物和藻类10万种，且这些数字还在急剧增长。例如，在微生物中较易培养和观察的大型微生物——真菌，至今每年还可发现约1500个新种。

②生理代谢类型的多样性　微生物的生理代谢类型之多，是动、植物所远不及的。例如：分解地球上贮量最丰富的初级有机物——天然气、石油、纤维素、木质素的能力为微生物所"垄断"；微生物有着最多样的产能方式，诸如细菌的光合作用，嗜盐菌的紫膜光合作用，自养细菌的化能合成作用，以及各种厌氧产能途径等；具有生物固氮作用；具有合成次生代谢产物等各种复杂有机物的能力；具有对复杂有机分子基团的生物转化能力；具有分解氰、酚、多氯联苯等有毒和剧毒物质的能力等。

③代谢产物的多样性　微生物究竟能产生多少种代谢产物，这是一个不容易准确回答的问题。20世纪80年代末曾有人统计为7890种，1992年有报道称仅微生物产生的次生代谢产物就有16 500种，且每年还在以500种新化合物的数目增长。

④遗传基因的多样性　遗传基因是微生物携带的各种遗传信息的总和，是微生物多样性最重要的组成部分。微生物种群的遗传变异通常表现在分子、细胞和形态水平上。在分子水平上表现为碱基数量的巨大性和顺序的多样性。此外，双链、单链脱氧核糖核酸(deoxyribonucleic acid, DNA)和双链、单链核糖核酸(ribonucleic acid, RNA)等多种遗传信息的存在形式，DNA复制过程中碱基或碱基对的变化，接合、转化和转导等微生物特有的基因重组现象等，都使微生物的遗传多样性得到大幅扩展，也为微生物的系统进化和遗传变异提供了丰富的基础和多元化的手段。微生物自身对于不同生态条件的适应性进化也正是通过改变遗传物质来完成的。

⑤生态类型的多样性　微生物广泛分布于地球表层的生物圈，包括土壤圈、水圈、大气圈、岩石圈和冰雪圈；对于那些极端微生物即嗜极菌而言，则生活在极热、极冷、极

酸、极碱、极盐、极压和极旱等的极端环境中；此外，微生物与微生物或与其他生物间存在着众多的相互依存关系，如互生、共生、寄生、抗生和猎食等。如此众多的生态系统类型还会产生各种相应生态型的微生物。

微生物的分布广、种类多这一特点，为人类在21世纪中进一步开发利用微生物资源提供了无限广阔的前景。

第二节　微生物学概述

整个微生物学发展史是一部逐步克服上述认识微生物的4个障碍、不断探究它们的生命活动规律，并开发利用有益微生物和控制、消灭有害微生物的历史。微生物学发展史可分5期，即史前期、初创期、奠基期、发展期和成熟期。

一、微生物学的发展

英国哲学家和教育家斯宾塞在其名著《教育论》（1861年）中提出过"人体健康是一切幸福的要素"这个精辟的论点。在现代科学中，对人类健康关系最大、贡献最为突出的应该算是微生物学（microbiology）了。微生物学从建立之初就与人类和动物传染病的防治产生了不解之缘，接着与酿造学、植物病理学、土壤学、药物学和环境科学等密切结合，建立了一个又一个应用分支学科，为人类社会的进步和发展作出了贡献。

通过医疗保健战线上的"六大战役"，即外科消毒手术的建立、寻找人畜重大传染病的病原菌、免疫防治法的发明和广泛应用、磺胺等化学治疗剂的普及、抗生素的大规模生产和推广以及近年来利用工程菌生产多肽类生化药物等，原先猖獗的细菌性传染病得到了较好的控制，天花等烈性传染病已彻底绝迹，人类的健康水平大幅度提高，平均寿命约提高了25岁。

在微生物与工业发展的关系上，通过食品罐藏防腐、酿造技术的改造、纯种厌氧发酵技术的建立、液体深层通气搅拌大规模培养技术的创建以及代谢调控发酵技术的发明，使得古老的酿造技术迅速发展成工业发酵新技术；接着，又在遗传工程等高新技术的推动下，进一步发生质的飞跃，发展为发酵工程，并与遗传工程、细胞工程、酶工程和生物反应器工程一起，共同组成当代的一个高技术学科——生物工程学（biotechnology）。

微生物在当代农业生产中具有十分显著的作用。21世纪的农业以高科技为依托，走可持续发展的道路，搞大农业、生态农业和工厂化的农业，因而是高科技、高产量、高效益、低投入和无废弃物的农业，兼有高经济效益、高社会效益和高生态效益的特点。其中，微生物的作用极其重要却最易被忽略，例如，以菌治害虫和以菌治病的生物防治技术，以菌增肥效和以菌促生长的微生物增产技术，以菌作饲(饵)料和以菌当蔬菜的单细胞蛋白和食用菌生产技术，以及以菌产沼气等生物能源技术等。

微生物与环境保护的关系越来越受到当前全人类广泛的重视。自工业革命尤其是20世纪以来，由于人类过分破坏和掠夺自然资源，生态环境严重恶化。许多有识之士认为，未来的世纪是人类向大自然偿还生态债的世纪，其中，微生物学工作者的作用至关重要。这是因为，微生物是占地球面积70%以上的海洋和其他水体中光合生产力的基础，是一切食物链的重要环节，是污水处理中的关键角色，是生态农业中最重要的一环，是自然界重要元素循环的首要推动者，还是环境污染和监测的重要指示生物等。

微生物对生命科学的基础理论研究有着重大贡献。微生物由于其"五大共性"加上培养条件简便，因此是生命科学工作者在研究基础理论问题时最乐于选用的研究对象，历史上自然发生学说的否定、糖酵解机制的认识、基因与酶关系的发现、突变本质的阐明、核酸是一切生物遗传变异的物质基础的证实、操纵子学说的提出、遗传密码的揭示、基因工程的开创、PCR（DNA 聚合酶链式反应）技术的建立、真核细胞内共生学说的提出，以及生物三域理论的创建等，都是选用微生物作为研究对象而结出的硕果，大量研究者还为此获得了诺贝尔奖的殊荣。微生物学还是代表当代生物学最高峰的分子生物学三大来源之一。在经典遗传学的发展过程中，由于先驱者意识到微生物具有繁殖周期短、培养条件简单、表型性状丰富和多数是单倍体等种种特别适合作遗传学研究材料的优点，纷纷选用粗糙脉孢菌、大肠埃希氏菌、酿酒酵母和大肠埃希氏菌的 T 系噬菌体作研究对象，很快揭示了许多遗传变异的规律，并使经典遗传学迅速发展成为分子遗传学。从 20 世纪 70 年代起，由于微生物可作为外源基因供体和基因载体，并可作为基因受体菌等，还是基因工程操作中的各种"工具酶"的提供者，故迅速成为基因工程中的主角。由于微生物在体积和培养等方面的优越性，还促进了高等动、植物的组织培养和细胞培养技术的发展，这种"微生物化"的高等动、植物单细胞或细胞团，获得了原来仅属微生物所专有的优越体积，从而可以十分方便地在试管和培养皿中进行研究，并能在发酵罐或其他生物反应器中进行大规模培养和产生有益代谢产物。

此外，这一趋势还使原来局限于微生物学实验室使用的一整套独特的研究方法、技术，如显微镜和有关制片染色技术，消毒灭菌技术，无菌操作技术，纯种分离、培养技术，合成培养基技术，选择性和鉴别性培养技术，突变型标记和筛选技术，深层液体培养技术，以及菌种冷冻保藏技术等，急剧向生命科学和生物工程各领域发生横向扩散，从而对整个生命科学的发展作出了方法学上的贡献。

微生物学工作者可以自豪地说，在 20 世纪生命科学发展的四大里程碑（DNA 功能的阐明、中心法则的提出、遗传工程的成功和人类基因组计划的实施）中，微生物学发挥了无可争议的关键作用。

二、微生物学及其分科

微生物学是一门在细胞、分子或群体水平上研究微生物的形态构造、生理代谢、遗传变异、生态分布和分类进化等生命活动基本规律，并将其应用于工业发酵、医药卫生和环境保护等实践领域的科学，其根本任务是发掘、利用、改善和保护有益微生物，控制、消灭或改造有害微生物，为人类社会的进步服务。

微生物学经历了一个多世纪的发展，已分化出大量的分支学科，现根据其性质简单归纳成下列 6 类。

①按微生物的基本生命活动规律来分　总学科称普通微生物学，分科如微生物分类学、微生物生理学、微生物遗传学、微生物生态学和分子微生物学等。

②按微生物应用领域来分　总学科称应用微生物学，分科如工业微生物学、农业微生

物学、医学微生物学、药用微生物学、诊断微生物学、抗生素学、食品微生物学等。

③按研究的微生物对象分　如细菌学、菌物学、病毒学、原核生物学、自养菌生物学和厌氧菌生物学等。

④按微生物所处的生态环境分　如土壤微生物学、微生态学、海洋微生物学、环境微生物学、水微生物学和宇宙微生物学等。

⑤按学科间的交叉、融合分　如化学微生物学、分析微生物学、微生物生物工程学、微生物化学分类学、微生物数值分类学、微生物地球化学和微生物信息学等。

⑥按实验方法、技术分　如实验微生物学、微生物研究方法等。

三、微生物学发展史上的杰出人物

(1) 列文虎克(Antony van Leeuwenhoek)

列文虎克(1632—1723)是最早看到微生物的人，所以被誉为开创微生物学的第一人。列文虎克是荷兰一个小镇上的小商人，他在业余时间喜爱磨透镜并且入了迷。他在磨制镜片的过程中产生了一个新奇而大胆的想法：如果能制造一种特殊的镜片，可以把用肉眼看到的东西放大许多倍，用它来观察那些微小的物体，那该有多好。于是，他开始了艰苦的磨制显微镜镜片的工作。经过艰辛的劳动，他终于做成了可以放大近200倍的世界上第一台显微镜。列文虎克曾经找到一个从不刷牙的老头，从他的牙缝里取下牙垢，然后放在显微镜下观察。镜头里的世界让他惊呆了：牙垢里竟然有许许多多小生物，它们像鱼儿一样来回游动。但是，由于当时科学还不发达，就连他自己也不知道发现这些细菌有什么用处，他只是把它们叫作"可爱的小动物"。后来，他又用这台显微镜观察了雨水、井水等，发现其中都有许多微小的生物在活动。这是人类第一次看到微生物世界，在当时引起了人们极大的注意。后来他被推选为英国皇家学会的会员，在以后的几十年里他通过书信往来，不断将自己的发现报告给这个学会。

(2) 路易·巴斯德(Louis Pasteur)

路易·巴斯德(1822—1895)是法国著名的微生物学家、化学家，近代微生物学的奠基人。像牛顿开辟出经典力学领域一样，巴斯德开辟了微生物领域，创立了一整套独特的微生物学基本研究方法，开始用"实践—理论—实践"的方法研究。他研究了微生物的类型、习性、营养、繁殖、作用等，把微生物的研究从主要研究微生物的形态转移到研究微生物的生理途径上来，从而奠定了工业微生物学和医学微生物学的基础，并开创了微生物生理学。巴斯德有三大著名的贡献：一是他认为每一种发酵作用都是由于一种微菌引起的，彻底否定了当时盛行的"一切生物都是自然发生的"自生说，并且他还发现用加热的方法可以杀灭那些让啤酒变苦的微生物，这就是著名的"巴氏杀菌法"，一种利用低温杀灭病原微生物的方法，后来被广泛应用在各种食物和饮料的灭菌上。二是他认为每一种传染病都是一种微菌在生物体内引起的：由于发现并根除了一种侵害蚕卵的细菌，巴斯德拯救了法国的丝绸工业。他意识到许多疾病均由微生物引起，于是建立起了细菌理论。三是发现传染疾病的微菌，在特殊的培养之下可以减轻毒性，使它们从病菌变成防病的疫苗，据此制成了包括狂犬疫苗等在内的多种疫苗为人类防病治病做出了重大贡献，研究和阐明了免

疫过程机制。

(3) 罗伯特·科赫(Robert Koch)

罗伯特·科赫(1843—1910)是德国著名的细菌学家,曾做过医生、大学教授、研究所所长。对微生物学有卓越贡献,和巴斯德一起被公认为近代微生物学的奠基人。毕生研究成果极丰富,可归纳为两个方面,即建立了研究微生物的基本操作及证实了疾病的病原菌学说。在微生物的基本操作方面,他所领导的实验室建立了多种纯培养微生物及微生物染色的方法,设计了细菌培养用的肉汁胨培养液和营养琼脂培养基;建立了细菌涂片染色的基本方法,使用甲基蓝及复红使细菌着色。在证实疾病的病原菌方面,提出了证明某种微生物是否为某种疾病病原体的基本原则——科赫原则。他首先证实了炭疽杆菌是炭疽病的病原体,还于1882年报道了结核病的病原体结核杆菌并获得其纯培养物,因此获得了诺贝尔生理学或医学奖。由于科赫在病原菌研究方面的开创性工作,19世纪70年代至20世纪20年代成了发现病原菌的黄金时代,所发现的各种病原微生物不下100余种,其中还包括植物病原细菌。

(4) 其他

詹姆斯·华生(J. D. Waston)和弗朗西斯·克里克(F. H. Crick)1952年发现了脱氧核糖核酸长链的双螺旋结构。1961年,加古勃(F. Jacab)和莫诺德(J. Monod)提出操纵子学说,指出了基因表达的调节机制和其局部变化与基因突变之间的关系,即阐明了遗传信息的传递与表达的关系,使微生物学进入成熟时期。 .

巩固练习

1. 名词解释

微生物,微生物学。

2. 问答题

(1) 微生物包括哪些类群?

(2) 人类迟至19世纪才真正认识微生物,其中主要克服了哪些重大障碍?

(3) 试述微生物与当代人类实践的重要关系。

(4) 微生物有哪五大共性?其中最基本的是哪个?为什么?

(5) 试讨论微生物五大共性对人类的利弊。

(6) 试述微生物的多样性。

(7) 微生物对生命科学基础理论的研究有何重大贡献?为什么能发挥这种作用?

(8) 试讨论本章所述的微生物学分科有何合理性与不足之处。

(9) 简述微生物与人类文明的关系。

(10) 简述微生物与人类社会可持续发展的关系。

第二章 原核生物

○ **项目描述：**

根据微生物的进化水平和各种性状的明显差别，可把它分为原核微生物(包括真细菌和古生菌)、真核微生物和非细胞微生物三大类群。其中，原核微生物一般指原核生物。本章介绍原核生物的形态、构造和功能。

○ **知识目标：**

1. 了解原核生物的基本概念和主要的六大类群。
2. 了解原核生物的基本形态特征。
3. 了解原核生物的共同结构。
4. 了解细菌、放线菌、蓝细菌，以及支原体、立克次氏体和衣原体的基本知识。

○ **能力目标：**

1. 能明确原核生物的概念。
2. 能根据微生物形态特征辨识原核生物。
3. 能正确认识原核生物的细胞壁(支原体除外)、细胞膜、细胞质、核区和各种内容物以及糖被、鞭毛、菌毛、性毛等特殊构造。
4. 能结合后面章节内容通过显微镜观察原核生物。

第一节 原核生物概述

一、原核生物的概念

原核生物指一大类细胞核无核膜包裹，只存在称作核区的裸露 DNA 的原始单细胞生物。

二、原核生物的种类

原核生物包括真细菌和古生菌两大类群。其中除少数属古生菌外，多数的原核生物都是真细菌。根据外表特征可把原核生物粗分为6种类型，即细菌(狭义的)、放线菌、蓝细菌、支原体、立克次氏体和衣原体。

三、原核细胞组织结构

原核细胞有各种各样的结构,但其基本结构和最重要的组分是一致的。原核细胞几乎总是被化学成分复杂的细胞壁所包裹。细胞壁内侧,是细胞膜,二者之间隔着一个周质空间。细胞膜可内陷形成简单的内膜结构。由于原核细胞中不含有内膜包裹的细胞器,所以其内部形态看起来很简单。细胞的遗传物质定位于一个被称为拟核的离散区域,它与周围的细胞质之间没有膜进行分隔。核糖体和称作内含体的较大质团则分散在细胞质基质中。细胞外具有鞭毛。另外,许多细胞的细胞壁外都包被有荚膜或黏液层。

(1) 细胞膜

包裹着原核细胞细胞质的叫细胞膜,又叫质膜。它是细胞与其所处环境相互接触的主要部位,决定着细胞与外部世界大部分的相互关系。细胞膜对所有生命体来说都是绝对必需的。无论是面对多细胞生物体的内部环境或者是缺少保护且变化多端的外部环境,细胞都必须采用相应方式与其所处的环境相互作用。细胞不仅要能够获得营养和排除废物,而且在面临外部环境变化时还应能维持其内部结构处于稳定且高度有序的状态。

质膜都包含蛋白质和脂类,但这两者的实际含量变化很大。细菌质膜的蛋白质含量通常高于真核生物的质膜,这可能是因为许多在真核生物中其他细胞器膜上行使的功能在细菌中都是由质膜来完成的。大多数与质膜有关的脂类在结构上是不对称的,具有极性端和非极性端,称为亲水疏水两重性的分子。极性端与水相互作用,为亲水性;非极性端不溶于水并趋向于相互结合。脂类的这种特性使得细胞膜能够形成双层结构,外表面为亲水端,而疏水端则包埋于内部,与周围的水隔离。大多数两重性脂类为磷脂。细菌质膜通常缺少胆固醇类的固醇,从而不同于真核细胞的质膜。

目前公认的细胞膜结构模型是流动镶嵌模型,存在两种不同类型的膜蛋白。其中外周蛋白与膜结合松散,可以非常容易地从膜中去除。它们在水溶液中为可溶性,占所有膜蛋白的20%~30%。而整合蛋白在膜蛋白中比例为70%~80%,它们不易从膜中抽提出来,当游离于脂外时,在水溶液中不能溶解。

整合蛋白与膜脂相似,也是亲水疏水两重性的分子。它们的疏水区包埋于脂中,而亲水区部分则从膜表面伸出,其中有些甚至穿越整个脂分子层。整合蛋白可沿表面横向扩散至新的部位,但不能在脂分子层上进行翻转或滚动。在质膜外表面的膜蛋白上通常结合有糖类,可能具有重要功能。

质膜是一个高度有序且不对称的系统,但同时又是柔韧的、动态的。虽然存在一个共同的基本结构模型,但不同的质膜在其结构和功能方面确实存在差异。这种差异非常巨大且具有特征性,因此膜化学可被用于对细菌进行鉴定。

质膜也是一个选择性的渗透屏障,它允许特定的离子和分子进出细胞,而阻止其他物质穿行,因此可避免重要的细胞组分由于渗漏作用而损失,同时允许其他分子的运动。由于许多物质在没有其他物质协助的情况下无法穿过质膜,所以在必要时质膜还需要协助完成这些物质的穿越运动。营养物质吸收、废物排放以及蛋白质分泌等都是质膜上运输系统的任务。原核生物的质膜也是多种关键代谢过程的场所,如呼吸代谢、光合作用、脂类和细胞壁组分的合成,可能还包括染色体的分离。此外,质膜上还包含有特定的受体分子,有助于原核生物对周围环境中的化学物质进行探测并做出回应。因此，质膜对微生物的生存是至关重要的。

虽然原核生物细胞质中不含有复杂的有膜细胞器，如线粒体或叶绿体，但是可观察到几种膜状结构。常见的一种是间体，它是质膜内陷而形成的泡囊状、管状或薄层状结构。间体在革兰氏阳性和革兰氏阴性细菌中都可以看到，但一般在革兰氏阳性细菌中更突出。间体常见于处于分裂期的细菌的隔或横壁的旁边，有时似乎与染色体相连。因此，它们可能参与分裂时细胞壁的形成，或在染色体复制和子细胞的分配中发挥作用。

许多细菌具有与间体截然不同的内膜系统。在蓝细菌和紫细菌等光合细菌，或硝化细菌等具有很强呼吸活性的细菌中，质膜的折叠更加广泛、更加复杂，可形成球形泡囊、扁平泡囊或管状膜的聚集体。其功能可能是为较强的代谢活动提供较大的膜表面。

（2）细胞质基质

原核生物细胞质基质是存在于质膜与拟核之间的物质，主要成分是水。在一些特定的位点，如细胞两极和细菌细胞将要分裂的部位，分布着一些特定的蛋白质。因此，尽管细菌缺少一个真正的细胞骨架，但是在它们的细胞质基质中确实存在由蛋白质组成的类似细胞骨架的系统。质膜和其内部包含的所有物质称为原生质体，而细胞质基质正是原生质体的主要组分。

（3）内含体

在光学显微镜下可以清晰地观察到存在于细胞质基质中的各种有机或无机物质的颗粒，被称为内含体。这些内含体通常用于贮存（如糖类、无机物和能量），也可将分子连接为特定的形式来降低渗透压。一些内含体无膜包裹，自由存在于细胞质中，例如，多聚磷酸盐颗粒、藻青素颗粒和一些糖原颗粒。另一些内含体则由厚2.0~4.0nm的膜所包裹，但该膜为单层膜，不是典型的双层膜。聚-β-羟丁酸颗粒、某些糖原和硫粒、羧酶体及气泡均为膜包裹的内含体。内含体膜在组成上各不相同，有些为蛋白质，而另一些则包含脂类。由于内含体用于贮存，所以它们的数量会随细胞的营养状况而变化。例如，在含磷有限的淡水生境中，多聚磷酸盐颗粒会被耗尽。在蓝细菌、紫色光合细菌、绿色光合细菌、盐杆菌和发硫菌等一些水生细菌中存在气泡，这也是内含体。气泡具有浮力，使这些细菌可漂浮于水表或水面附近。

（4）核糖体

核糖体常充满于细胞质基质中，也可结合在质膜上。在低倍电子显微镜下观察，核糖体像是小的无明显特征的颗粒。但实际上，它由蛋白质和核糖核酸（RNA）组成，结构非常复杂。核糖体是蛋白质合成的场所。基质中的核糖体所合成的蛋白质会留在细胞内，而与质膜结合的核糖体所合成的蛋白质则运输到细胞外。新形成的多肽可在正被核糖体合成时或在蛋白质合成完成后马上折叠成最终的形状。各种蛋白质的形状是由它的氨基酸序列决定的，而被称为分子伴侣的特殊蛋白可帮助多肽折叠成正确的形状。原核生物的核糖体一般情况下称为70S核糖体。其大小在20nm×（14~15）nm。

（5）拟核

原核生物缺少有膜界定的细胞核，染色体定位于一个称为拟核的形状不规则的区域。原核生物通常包含一个双链脱氧核糖核酸（DNA）的单环，但有些也具有线状的DNA染色体。还有某些细菌，如霍乱弧菌，含有不止一条染色体。尽管随着固定和染色的方法不同，拟核可表现为多种多样，但在电子显微照片中常可看到的纤维可能就是DNA。而用特异性的与DNA相互作用的福尔根进行染色后，在光学显微镜下也可看到拟核。遗传物质复制后细胞进行分裂，这时一个细胞中就不止含有一个拟核。在生长旺盛的细菌中，拟核中有突出物伸向细胞质基质。这些突出物中可能含有正在活跃转录产生mRNA的DNA。用电子显微镜进行观察，可以发现拟核是与间体或质膜相互接触的，在分离提取的拟核上也常有膜的附着，这说明细菌的DNA显然是与细胞膜相结合的，细胞分裂期间DNA分离进入子细胞的过程可能需要细胞膜的参与。

(6) 细胞壁

紧靠质膜外侧的细胞被层就是细胞壁，它通常相当坚硬，是原核细胞中的重要部分之一。除支原体和某些古生菌之外，大多数细菌都有坚硬的细胞壁，它可维持细菌形状并保护细胞免遭渗透作用的破坏。而细胞壁的形状和强度则主要取决于肽聚糖。许多病原菌细胞壁中的某些组分还与其致病性有关。此外，细胞壁可保护细胞免受有毒物质的损害，同时也是多种抗生素作用的靶点。

(7) 肽聚糖

肽聚糖(或胞壁质)是由许多相同的亚基组成的巨大多聚物，包含两种糖衍生物，即N-乙酰-D-葡糖胺和N-乙酰胞壁酸(N-乙酰-D-葡糖胺的乳酰乙醚)，以及几种不同的氨基酸，其中的3种氨基酸即D型谷氨酸、D型丙氨酸和内消旋的二氨基庚二酸未发现在蛋白质中出现。D型氨基酸的存在有助于保护肽聚糖免受大多数肽酶的攻击。存在于大多数革兰氏阴性细菌和许多革兰氏阳性细菌中的肽聚糖亚基，其多聚物的骨架由N-乙酰-D-葡糖胺和N-乙酰胞壁酸残基交替连接而成，而4个交替连接的D型和L型氨基酸组成的肽链则与N-乙酰胞壁酸的羧基连接。由肽聚糖亚基连接而成的链再由其肽链间的连接进一步相互交联。通常肽链末端的D型丙氨酸的羧基直接与二氨基庚二酸的氨基相连，但有时它们中间也会通过肽桥再连在一起。大多数革兰氏阴性细胞壁的肽聚糖都没有这种肽桥。链间的相互交联可形成一个巨大的肽聚糖囊，这是一个致密、相互交联的网络。从革兰氏阳性细菌中分离的肽聚糖囊具有足够的强度，可维持其形状和完整性，同时又具有弹性和一定的延伸能力，这与纤维素有所不同。此外，肽聚糖囊还是多孔隙、能渗透的，可允许分子穿行。

(8) 细胞壁外部成分

细菌的细胞壁外具有多种结构，其功能包括提供保护、黏附物体或细胞运动等。细胞壁外包裹的物质如果排列有序且不易被洗脱，称为荚膜；如果结构松散、排列无序且易被清除，则称为黏液层。荚膜和黏液层常由多糖组成，但有时也由其他物质构成。荚膜可帮助细菌抵抗宿主吞噬细胞的吞噬作用，因其含有大量水分可保护细菌免于干燥，还可隔绝细菌病毒和去污剂等疏水性强的有毒物质。滑移运动细菌多有黏液层，可助其运动。

许多革兰氏阴性细菌具有短、细、类似毛发的附属物，它们比鞭毛细，不参与运动，通常称为菌毛。虽然一个细胞表面可覆盖多达1000根以上的菌毛，但由于个体小，所以只有在电子显微镜下才可看到。有些类型的菌毛可使细菌黏附于固体表面如溪流中的岩石及宿主的组织上。性毛是与菌毛类似的附属结构，每个细胞有1~10根。性毛通常比菌毛粗大，在遗传上由性因子或接合质粒决定，是细菌间进行结合所必需的。有些细菌病毒在开始其复制循环时,可特异性地与性毛上的受体结合。

大多数运动细菌都是利用鞭毛进行运动的。这是一种从质膜和细胞壁伸出的丝状运动性附属物,细长、坚硬,宽约20nm,长度则可达到15~20μm。鞭毛很细,如果不采用特殊的染色方法使其加粗,就无法在明视野光学显微镜下进行直接观察,而鞭毛的细微结构则只有在电子显微镜下才看得到。

第二节 典型原核生物

一、细菌

细菌是一类细胞细短(细胞直径约0.5μm,长度0.5~5μm)、结构简单、细胞壁坚韧、多以二分裂方式繁殖和水生性较强的原核生物。

在我们周围,到处都有大量细菌存在。凡在温暖、潮湿和富含有机物质的地方,一般都有大量细菌活动,常会散发出特殊的臭味或酸败味。在夏天,把某些食品放置在空气中一段时间,其表面会出现一些水珠状、鼻涕状、黏糊状等不同形状及不同色彩的小突起,这就是细菌的集团,称为菌落或菌苔。用手去抚摸长有细菌的物体表面时,会有黏滑的感觉。用小棒去挑动,常会拉出丝状物来。而生长大量细菌的液体,常会呈现混浊、沉淀或飘浮"白花",并伴有大量气泡冒出。

当人类还未研究和认识细菌时,细菌中的少数病原菌曾猖獗一时,夺走无数生命;不少腐败菌也常常引起食物和工、农业产品腐烂变质。因此,细菌给人的最初印象常常是有害的,甚至是可怕的。随着微生物学的发展,人们对微生物的生命活动规律认识越来越清楚。目前,由细菌引起的传染病得到了较好控制。人类还发掘和利用了大量的有益细菌到工、农、医、药和环保等生产实践中,带来巨大的经济效益、社会效益和生态效益。例如,工业上各种氨基酸、核苷酸、酶制剂、乙醇、丙酮、丁醇、有机酸、抗生素等重要产品的发酵生产,农业上杀虫菌剂、细菌肥料的生产和沼气发酵、饲料青贮加工等方面的应用,医药上各种菌苗、类毒素、代血浆、微生态制剂和许多医用酶类的生产等,以及细菌在环保和国防上的应用等,都是利用有益细菌活动的例子。

将单个微生物细胞或一小团同种细胞接种在固体培养基的表面(有时为内部),当它占有一定的发展空间并给予适宜的培养条件时,就迅速进行生长繁殖。结果会形成以母细胞为中心的一堆肉眼可见的、有一定形态构造的子细胞集团,即菌落。如果菌落是由一个单细胞发展而来的,则它就是一个纯种细胞群或克隆。如果将某一纯种的大量细胞密集地接种到固体培养基表面,结果长成的各"菌落"相互连接成一片,这就是菌苔。

由于菌落就是微生物的巨大群体,因此,个体细胞形态上的种种差别,必然会极其密切地反映在菌落的形态上。这对产鞭毛、荚膜和芽孢的种类来说尤为明显。例如,对无鞭毛、不能运动的细菌尤其是各种球菌来说,随着菌落中个体数目的剧增,只能依靠"硬挤"的方式来扩大菌落的体积和面积,这样,它们就形成了较小、较厚、边缘极其圆整的菌落。又如,对长有鞭毛的细菌来说,其菌落就有大而扁平、形状不规则和边缘多缺刻的特征,运动能力强的细菌还会出现树根状甚至能移动的菌落,前者如蕈状芽孢杆菌,后者如普通变形杆菌。再如，有荚膜的细菌，其菌落往往十分光滑，并呈透明的蛋清状，形状较大。凡产芽孢的细菌，因其芽孢引起的折光率变化而使菌落的外形变得很不透明或有"干燥"之感，并因其细胞分裂后常连成长链状而引起菌落表面粗糙、有褶皱感，再加上它们一般都有周生鞭毛，因此产生了既粗糙、多褶、不透明，又外形及边缘不规则的独特菌落。这类个体（细胞）形态与群体（菌落）形态间的相关性规律，对许多微生物学实验和研究工作是有一定参考价值的。

细菌的形态类型很多，其基本形态可分为杆状、球状与螺旋状3种，其中以杆状最为常见，球状次之，螺旋状较少。

(1) 杆菌

杆菌呈杆状或圆柱状，在细菌中杆菌种类最多。各种杆菌的长短、大小、粗细、弯曲程度差异较大，有的菌体为直杆状，有的菌体为微弯曲状，有的很长为长杆状，有的较短为短杆状，一般长 $2\sim10\mu m$，宽 $0.5\sim1.5\mu m$。杆菌分裂后一般分散存在，有的排列成链状，如炭疽杆菌；有的呈分枝状，如结核杆菌；还有的呈八字或栅栏状，如白喉杆菌。

(2) 球菌

单个菌体呈圆球形或近似球形，它们中的许多种分裂后产生的新细胞常保持一定的空间排列方式，在分类鉴定上有重要意义，包括：

①单球菌　又称微球菌或小球菌，细胞分裂沿一个平面进行，分裂后的菌体分散成单独个体而存在，如尿素微球菌。

②双球菌　细胞沿一个平面分裂，分裂后的菌体成对排列，如肺炎双球菌。

③链球菌　细胞沿一个平面分裂，分裂后的菌体成链状排列，如乳酸链球菌。

④四联球菌　细胞沿两个互相垂直的平面分裂，分裂后每4个菌体呈正方形排列在一起，如四联小球菌。

⑤八叠球菌　细胞沿3个相互垂直的平面分裂，分裂后每8个菌体在一起呈立方体排列，如藤黄八叠球菌。

⑥葡萄球菌　在多个平面上不规则分裂，分裂后的菌体无序地堆积成葡萄串状，如金黄色葡萄球菌。

(3) 螺旋菌

菌体呈弯曲状，根据其弯曲程度不同，可分为两大类：

①弧菌　菌体只有一个弯曲，形态如弧状，如霍乱弧菌。

②螺菌　菌体有多个弯曲，如亨氏产甲烷螺菌。

除了球菌、杆菌、螺旋菌之外，还有许多具有其他形态的细菌。

细菌的形态受环境条件的影响，如培养时间、培养温度、培养基的组成与浓度等发生改变，均能引起细菌形态的改变。即使在同一培养基中，细胞也常出现不同大小的球状、环状，长短不一的丝状、杆状及不规则的多边形态，还有罕见的方形、星形和三角形等。有些细菌具有特定的生活周期，在不同的生长阶段表现出不同的形态，如放线菌、黏细菌等，一般处于幼龄阶段或生长条件适宜时，形态正常、整齐，表现出特定的形态，在较老的培养物中或不正常的条件下，细菌（尤其是杆菌）常出现不正常的形态。

二、放线菌

放线菌是一类呈菌丝状生长、主要以孢子繁殖和陆生性强的原核生物。由于它与细菌十分接近,加上至今发现的五六十属放线菌都呈革兰氏染色阳性,因此,也可认为放线菌就是一类呈丝状生长、以孢子繁殖的革兰氏阳性细菌。

放线菌的细胞一般呈分枝丝状,因此,过去曾认为它是"介于细菌与真菌之间的微生物"。随着电子显微镜的广泛应用和一系列其他技术的发展,越来越多的证据表明,放线菌可能是一类具有丝状分枝细胞的细菌。主要根据为:a. 有原核; b. 菌丝直径与细菌相仿; c. 细胞壁的主要成分是肽聚糖; d. 有的放线菌产生有鞭毛的孢子,其鞭毛类型也与细菌的相同; e. 放线菌噬菌体的形状与细菌的相似; f. 最适生长pH与多数细菌的生长pH相近,一般呈微碱性; g. DNA重组的方式与细菌的相同; h. 核糖体同为70S; i. 对溶菌酶敏感; j. 凡细菌所敏感的抗生素,放线菌也同样敏感。

放线菌一般分布在含水量较低、有机物丰富和呈微碱性的土壤环境中。泥土所特有的"泥腥味",主要是由放线菌产生的。据研究,在每克土壤中,放线菌的孢子数一般在1×10^7个左右。

放线菌能产生抗生素。常用的抗生素除青霉素和头孢霉素类外,绝大多数都是放线菌的产物。此外,放线菌还是酶类(葡萄糖异构酶、蛋白酶等)和维生素(维生素B_{12})的产生菌。在有固氮能力的非豆科植物根瘤中,共生的固氮菌就是弗兰克菌属的放线菌。由于放线菌有很强的分解纤维素、石蜡、琼脂、角蛋白和橡胶等复杂有机物的能力,故它们在自然界物质循环和提高土壤肥力等方面起着重要的作用。只有极少数的放线菌才对人类构成危害,例如,某些放线菌属菌种引起动物的放线菌病(皮肤、脑、肺和脚部感染)和某些诺卡氏菌属菌种引起人和动物的诺卡氏病(皮肤、肺和足部感染等),还有少数放线菌能引起植物病害(马铃薯和甜菜的疮痂病)。

放线菌的种类很多,这里以分布最广、种类最多、形态特征最典型和与人类关系最密切的链霉菌属为例来阐述其一般的形态构造。

链霉菌的细胞呈丝状分枝,菌丝直径很小(<1μm),与细菌相似。在营养生长阶段,菌丝内无隔,故一般都呈单细胞状态。细胞内具有为数众多的核质体。链霉菌在自然界分布广泛,主要以孢子或菌丝状态存在于土壤、空气和水中,尤其是含水量低、有机物丰富、呈中性或微碱性的土壤中数量最多,营好氧性腐生生活。对土壤中复杂有机物的矿化发挥重要作用。链霉菌是最重要的抗生素生产菌,如链霉素、四环素、红霉素、新霉素、卡那霉素和井冈霉素等。

当链霉菌的孢子落在固体基质表面并发芽后,就向基质的四周表面和内层伸展,形成色淡、较细的具吸收营养和排泄代谢废物功能的基内菌丝(又称基质菌丝或一级菌丝)。同时,在基内菌丝上,不断向空间分化出较粗、颜色较深的分枝菌丝,这就是气生菌丝(或称二级菌丝)。当菌丝逐步成熟时,大部分气生菌丝分化成孢子丝,并通过横割分裂的方式产生成串的分生孢子。

链霉菌孢子丝的形态多样,有直、波曲、钩状、螺旋状、轮生(包括一级轮生和二级轮生)等多种。各种链霉菌有不同形态的孢子丝,而且性状较稳定,是对它们进行分类、鉴定的重要指示。

螺旋状的孢子丝较为常见。其螺旋的松紧、大小、转数和转向都较稳定。转数在 1~20 转间，一般为 5~10 转。转向有左旋或右旋，一般以左旋居多。

孢子的形状多样，有球状、椭圆状、杆状、圆柱状、瓜子状、梭状和半月状等。孢子的颜色十分丰富，且与其表面的纹饰有关。孢子表面的纹饰在电子显微镜下清晰可见，除表面光滑者外，还有褶皱状、疣状、刺状、发状和鳞片状。刺又有粗细、大小、长短和疏密之分。目前发现，凡直或波曲的孢子丝，都产生表面光滑的孢子（尚未发现刺状或发状的），若孢子丝为螺旋状，则其孢子表面会因种而异，有光滑、刺状或发状的。

根据电子显微镜对放线菌超薄切片的观察，发现放线菌孢子的形成只有横割分裂而无凝聚分裂方式。横割分裂可通过两种途径实现：一是细胞膜内陷，并由外向内逐渐收缩，最后形成一个完整的横隔膜，通过这种方式可把孢子丝分割成许多分生孢子；二是细胞壁和细胞膜同时内陷，并逐步向内缢缩，最终将孢子丝缢裂成一串分生孢子。

在固体培养基表面，放线菌的菌丝有基内菌丝和气生菌丝的分化，气生菌丝成熟时又会分化成孢子丝并产生成串的干粉状孢子，这些气生菌丝或孢子丝伸展在空气中，菌丝间一般都不存在毛细管水。这就使放线菌获得其特有的与细菌不同的菌落特征：干燥、不透明，表面呈紧密的丝绒状，上有一层色彩鲜艳的干粉；菌落和培养基的连接紧密，难以挑取；菌落的正、反面颜色常常不一致，以及菌落边缘培养基的平面有变形现象，等等。

三、蓝细菌

蓝细菌在过去曾一直被称作蓝藻或蓝绿藻，这是因为当时还未能把生物区分为真核生物和原核生物的缘故。蓝细菌是一类含有叶绿素 a、具有放氧性光合作用的原核生物。

蓝细菌与另一类属红螺菌目的光合细菌虽然都进行光合作用，但两者却有本质差别。前者进行的是类似绿色植物的非循环光合磷酸化反应，在反应过程中会释放氧气，而后者则进行较原始的循环光合磷酸化反应，在反应过程中不释放氧气；前者属好氧生物，后者则是厌氧生物。

蓝细菌与属于真核生物的藻类的最大区别在于它无叶绿体，无真核，有 70S 核糖体。细胞壁中含有肽聚糖，因而对青霉素和溶菌酶十分敏感等。

在自然界中，到处可以找到蓝细菌的踪迹。它们广泛地分布在各种河流、湖沼和海洋等水体中，也可与各类植物的根中及地衣中等共生，还由于它们具有对不良环境的高度抵抗力和普遍的固氮能力，因此可出现在贫瘠的沙质海滩和荒漠的岩石上，并有"先锋生物"的美称。

不同的蓝细菌其细胞大小的差别十分明显。细胞直径小的仅为 1μm，如聚球蓝细菌，而大的则可超过 30μm，如大颤蓝菌属等。

蓝细菌的细胞构造与革兰氏阴性细菌极其相似。细胞壁有内、外两层，外层为脂多糖层，内层为肽聚糖层。许多种类在细胞壁外还分泌有胞外多糖，形成黏液层（松散，可溶）、荚膜（围绕个别细胞）或鞘衣等不同形式。

细胞内进行光合作用的部位称类囊体，数量很多，它们以平行或卷曲的方式贴近地分布在细胞膜附近。在类囊体的膜上含有叶绿素 a、β-胡萝卜素、类胡萝卜素（如叶黄素、海胆酮或玉米黄质)和其他光合电子传递链的有关组分。为类囊体所特有的藻胆蛋白体着生在类囊体膜的外表面上,呈盘状构造,含有75%藻青蛋白、12%别藻蓝素和约12%的藻红蛋白等成分。有"色素天线"之称的藻青素和藻红素,其功能是吸收光能,并把它转移到光合系统Ⅱ中,而叶绿素a则在光合系统Ⅰ中发挥其作用。试验表明,环境中的光质可影响藻青蛋白和藻红蛋白的合成。例如,在蓝、绿光中,藻红蛋白的合成占优势,而在红光中,则藻青蛋白的合成占优势,这就保证了它们对不同生境的适应性。在蓝细菌的细胞内也有各种贮藏物,如糖原、聚磷酸盐、PHB以及蓝细菌肽等。

蓝细菌的细胞有几种特化形式,较重要的是异形胞、静息孢子和链丝段等。异形胞是蓝细菌所特有的一种结构和功能都很独特的细胞。它一般存在于呈丝状生长的种类中,如在鱼腥蓝菌属、念珠蓝菌属和单歧蓝菌属中。异形胞位于细胞链的中间或末端,数目少而不定。异形胞可在光学显微镜下清楚地被看到,特征是厚壁、浅色,在细胞两端常有折光率高的颗粒存在。异形胞是在有氧条件下进行固氮作用的细胞,它不含藻胆蛋白,只存在光合系统Ⅰ,因此,不会因光合作用而产生对固氮酶有严重毒害作用的氧,却能产生固氮作用所必需的ATP。异形胞与邻近的营养细胞间有厚壁孔道相连,这些孔道有利于"光合细胞"和"固氮细胞"间的物质交流。静息孢子是一种长在蓝细菌细胞链中间或末端的特化细胞,壁厚、色深,具有抵御不良环境的作用。链丝段是由蓝细菌的长形细胞链断裂而形成的短片段,具有繁殖的功能。

根据蓝细菌的形态特征可把它们分成5群。前两群为单细胞或其团状聚合体,后3群则呈丝状聚合体即细胞链的形式。细胞链可进行滑行运动。通过细胞链的断裂可产生许多链丝段,从而达到繁殖的效果。

四、支原体、立克次氏体和衣原体

支原体、立克次氏体和衣原体是三类革兰氏染色呈阴性的原始而小型的原核生物。它们的生活方式既有腐生,又有细胞内寄生(支原体及专性细胞内寄生的立克次氏体和衣原体),因此,它们是介于细菌与病毒间的生物。

1. 支原体

支原体是一类无细胞壁的原核生物,也是整个生物界中尚能找到的能独立营养的最小型生物。1898年,E. Nocard等从患传染性胸膜肺炎的病牛中首次分离得到支原体,当时称为PPO(胸膜肺炎微生物)。后来,人们从其他动物中陆续分离出多种类似于PPO的微生物,因此就相应地称作PPLO(类胸膜肺炎微生物)。从1955年起,支原体的名词正式代替了以前的PPO和PPLO。1967年,日本学者土居二等发现患"丛枝病"的桑、马铃薯、矮牵牛和泡桐的韧皮部中常有相应的支原体,从此发现了植物支原体病原。目前,一般把植物支原体称为类支原体(MLO)。

一般地说,支原体对于人类而言是害明显大于利。许多支原体引起动物——牛、绵羊、山羊、猪、禽和人类的病害;类支原体则可引起桑、稻、竹和玉米等的矮缩病、黄化病或丛枝病;一些腐生的支原体常常分布在污水、土壤或堆肥中;在受污染的组织培养液中,也常常找到支原体的踪迹。

支原体的特点有：a. 支原体的直径为150~300nm，一般为250nm左右，因此，在光学显微镜下属勉强可见；b. 缺乏细胞壁，并由此具有一系列其他特性，例如，革兰氏染色呈阴性反应，多形，易变，有滤过性，对渗透压敏感，对表面活性剂（肥皂、新洁尔灭等）和醇类敏感，以及对抑制细胞壁合成的青霉素、环丝氨酸等抗生素不敏感等；c. 菌落小，直径一般仅为0.1~1.0nm，并呈特有的"油煎蛋"状；d. 一般以二等分裂方式进行繁殖；e. 能在含血清、酵母膏或胆甾醇等营养丰富的人工培养基上独立生长；f. 具有氧化型或发酵型的产能代谢，在好氧或厌氧条件下生长；g. 对能与核糖体结合、抑制蛋白质生物合成的四环素、红霉素以及破坏细胞膜结构的表面活性剂毛地黄皂苷等都极为敏感，由于细胞膜上含有甾醇，故对两性霉素、制霉菌素等多烯类抗生素也十分敏感，等等。

目前已知的支原体种类已超过80种。按伯杰氏分类系统（1984年），它们的分类地位是原核生物界柔膜菌门柔膜菌纲的支原体目。

2. 立克次氏体

1909年，美国医生 H. T. Ricketts 首次发现落基山斑疹伤寒的病原体，并于1910年牺牲于此病，故后人称这类病原菌为立克次氏体。

立克次氏体是一类只能寄生在真核细胞内的革兰氏阴性原核微生物。它与支原体的主要不同之处是有细胞壁以及不能进行独立生活；而与衣原体的不同之处在于其细胞较大，无滤过性，合成能力较强，且不形成包涵体。

立克次氏体一向被认为只是动物的寄生物，可是，1972年 I. M. Windsor 在患棒叶病的三叶草和长春花的韧皮部中发现了寄生于植物细胞中的立克次氏体，这类植物中的立克次氏体被称作类立克次氏体（RLO）或类立克次氏体细菌（RLB）。

立克次氏体一般具有以下特点：a. 细胞大小一般为 $(0.3~0.6)\mu m \times (0.8~2)\mu m$，因此在光学显微镜下清晰可见；b. 细胞形态多变，杆状、球状、双球状或丝状等；c. 有细胞壁，革兰氏染色呈阴性反应；d. 在真核细胞内营专性寄生（个别例外），其宿主一般为虱、蚤、蜱、螨等节肢动物，并可传至人或其他脊椎动物（如啮齿动物）；e. 以二等分裂方式进行繁殖；f. 对四环素、青霉素等抗生素敏感；g. 有不够完整的产能代谢途径，大多只能利用谷氨酸产能而不能利用葡萄糖产能；h. 一般可用鸡胚、敏感动物或合适的组织培养物（如 HeLa 细胞株等）来培养立克次氏体；i. 对热敏感，一般在56℃以上经30min即被杀死。

立克次氏体可使人患斑疹伤寒、恙虫热或Q热等传染病。病原往往由虱、蚤、蜱、螨等节肢动物所携带。立克次氏体一般寄生在寄主的消化道上皮细胞中，因此，在这类节肢动物的粪便中常有大量立克次氏体存在。当人体受到虱等的叮咬时，它们乘机排粪于人体皮肤上，在人抓痒之际，虱粪中的立克次氏体便从人体皮肤伤口进入血流。立克次氏体的致病机制主要是在宿主血液中大量增殖，同时也与它们的内毒素有关。引起人类感染的主要立克次氏体有普氏立克次氏体、斑疹伤寒立克次氏体和恙虫病立克次氏体。

3. 衣原体

1907年，两名捷克学者在患沙眼的人结膜细胞内发现了包涵体，当时他们误认为沙眼由"衣原虫"引起的。后来,许多学者认为在沙眼包涵体内不存在"衣原虫",而是"大型病毒"的集落。1956年,我国著名微生物学家汤飞凡及其助手张晓楼等人在国际上首次分离到沙眼的病原体。直至20世纪60年代,由于它们具有滤过性、专性细胞内寄生和能形成包涵体,因此,这类沙眼病原体仍被称作"大型病毒"或"巴德松体"(bedsonia)。1970年,在美国波士顿召开的沙眼及有关疾病的国际会议上,才正式把这类病原微生物称作衣原体。

衣原体是一类在真核细胞内营专性寄生的小型革兰氏阴性原核生物。

衣原体有以下数个与病毒截然不同的特点:a. 有细胞构造;b. 细胞内同时含有DNA和RNA两种核酸;c. 具有含肽聚糖的细胞壁(革兰氏阴性细菌特征);d. 细胞内有核糖体;e. 有不完整的酶系统,尤其缺乏产能代谢的酶系统,因此须进行严格的细胞内寄生;f. 以二等分裂方式进行繁殖;g. 一般对抑制细菌的一些抗生素和药物如青霉素和磺胺等都很敏感(但鹦鹉热衣原体对磺胺具有抗性);h. 在实验室中,衣原体可培养在鸡胚卵黄囊膜、小鼠腹腔、组织培养细胞或HeLa细胞上。

衣原体有一个特殊的生活史:具有感染力的个体称为原体,它是一种不能运动的球状细胞,直径小于0.4μm,有坚韧的细菌型细胞壁。在宿主细胞内,原体逐渐伸长,形成无感染力的个体,称作始体,这是一种薄壁的球状细胞,形体较大,直径达1~1.5μm,它通过二等分裂的方式可在宿主的细胞质内形成一个微菌落,随后大量的子细胞又分化成较小而厚壁的感染性原体。一旦宿主细胞破裂,原体又可重新感染新的细胞。

巩固练习

1. 名词解释

原核生物,周质空间,荚膜,鞭毛,菌落,古细菌。

2. 填空题

(1)原核生物包括_____、_____、_____、_____和_____。

(2)细菌的形态有_____、_____及_____。

(3)球菌按其分裂后的排列方式可分为_____、_____、_____、_____、_____和_____。

(4)在周质空间中,存在着许多蛋白质,包括_____、_____、_____和_____等。

(5)细菌肽聚糖由_____和_____交替交联形成基本骨架,再由_____交错相连,构成网状结构。

(6)革兰氏阳性细菌与革兰氏阴性细菌两者细胞壁在组成成分上的主要差异为前者_____含量高,后者_____含量高。

(7)蓝细菌亦称_____,其一般直径或宽度为_____,有时在水池、湖泊繁殖旺盛,形成肉眼可见的较大群体,常称为_____而导致水污染和水生动物死亡。

(8)支原体突出的形态特征是_____,所以它对青霉素不敏感。

3. 选择题

(1) 原核生物(　　)。
A. 有细胞核　　　　B. 进行有丝分裂　　　　C. 有线粒体　　　　D. 有细胞壁

(2) 下列微生物中,(　　)属于革兰氏阴性细菌。
A. 大肠杆菌　　　　B. 金黄葡萄球菌　　　　C. 巨大芽孢杆菌　　　D. 肺炎双球菌

(3) 气泡由许多小的气囊组成,气囊膜只含有(　　)。
A. 蛋白质　　　　　B. 磷脂　　　　　　　　C. 脂蛋白　　　　　　D. 肽聚糖

(4) 细菌细胞的(　　)部分结构与其抗原性有关。
A. 鞭毛　　　　　　B. 荚膜　　　　　　　　C. 芽孢　　　　　　　D. 液泡

(5) 放线菌的菌体呈分枝丝状体,因此它是一种(　　)。
A. 多细胞的真核微生物　　　　　　　　　　B. 单细胞的真核微生物
C. 多核的原核微生物　　　　　　　　　　　D. 无壁的原核微生物

(6) 在下列微生物中,能进行产氧的光合作用的是(　　)。
A. 链霉菌　　　　　B. 蓝细菌　　　　　　　C. 紫硫细菌　　　　　D. 大肠杆菌

(7) 没有细胞壁的原核生物是(　　)。
A. 立克次氏体　　　B. 支原体　　　　　　　C. 衣原体　　　　　　D. 螺旋体

4. 问答题

(1) 简述细胞壁的主要功能。
(2) 简述细胞质膜的主要功能。
(3) 简述荚膜的主要功能。
(4) 描述蓝细菌的形态特征。
(5) 试述链霉菌的繁殖方式。

第三章 真核微生物

● 项目描述：

真核微生物已发展出许多由膜包围着的细胞器，进化出由核膜包裹的完整的细胞核，其中存在着构造极其精巧的染色体，能更完善地执行生物的遗传功能。本章介绍真核微生物的形态、构造和功能。

● 知识目标：

1. 掌握真核微生物的基本概念和 2 类常见真核微生物。
2. 掌握真核微生物的基本形态特征。
3. 了解真核微生物的共同结构。
4. 了解酵母菌和霉菌的基本知识。
5. 了解原核生物与真核微生物的异同。

● 能力目标：

1. 能明确真核微生物的概念。
2. 能根据微生物的形态特征辨识真核微生物。
3. 能正确认识真核微生物的细胞壁、细胞膜、细胞质、细胞核等的构造，尤其是细胞质中的细胞器。
4. 能结合后面章节内容通过显微镜观察真核微生物。

第一节 真核微生物概述

一、真核微生物的概念

凡是细胞核具有核膜、能进行有丝分裂、细胞质中存在线粒体或同时存在叶绿体等细胞器的微小生物，就称真核微生物。

二、真核微生物的种类

主要真核微生物包括真菌、显微藻类和原生动物。

三、真核细胞组织结构

真核细胞和原核细胞之间最显著的区别在于它们对膜的利用。真核细胞拥有由膜包裹的细胞核，并且膜也是许多其他细胞器结构的重要组成部分。细胞器是细胞内行使特定功能的结构。正由于生物学家意识到细胞器和细胞的关系与器官和整个机体关系之间的相似性，所以创造了细胞器这名词。膜对真核细胞内部的分隔使得不同的生化过程被安置在不同的单独区域，从而能更方便地在各自独立的调控和适当的协调下同时进行。而由于呼吸代谢和光合作用都毫无例外地是在膜上进行，所以大的膜表面也使这些过程活性的增强成为可能。细胞质内膜复合物还可作为细胞内不同部位间物质移动的运输系统。因此，大量的膜系统对真核细胞来说是必需的，这可能是因为真核细胞体积大，需要充分的调控及充足的代谢活性和运输能力。

(1) 细胞质基质

在低倍电子显微镜下检查真核细胞时，无明显特征的均质物质为细胞质基质，它是细胞中最重要且最复杂的部分之一。它是细胞器的"环境"和许多重要生化过程的发生场所。细胞中的几种物理变化(黏度改变、胞质流动及其他)都是由于基质活动导致的。水占真核细胞重量的 70%~85%。因而，细胞质基质的大部分为水。细胞水分以两种形式存在。一部分是大量存在的自由水，这是普通的具有渗透性的活性水。水也可以以结合水的形式存在，这种水与蛋白质和其他大分子表面结合，不具备渗透性，且比自由水更有序。有证据表明，结合水存在的位点是许多代谢过程发生的部位。细胞中蛋白质含量很高，以至于细胞质基质常呈半结晶状态。通常基质 pH 6.8~7.1，为中性，但变化范围大。例如，原生动物消化泡中 pH 可低至 3~4。

(2) 微丝

所有真核细胞可能均有微丝，这种微小蛋白丝的直径在 4~7nm，它们散布在细胞质基质内或组成网状、平行状的排列。微丝参与细胞运动和形状变化。色素颗粒的运动、阿米巴样的细胞运动和黏菌中的原生质流均与微丝活性有关。电子显微镜研究表明微丝参与细胞运动，并发现它们在与细胞运动功能相关的部位频繁地出现。例如，在植物细胞和霉菌中，微丝聚集在静态的和流动的细胞质基质之间的交界面。利用药物进行的试验进一步提供了这方面的证据，可破坏微丝结构的细胞松弛素 B 常常也能同时抑制细胞运动。然而，由于这种药物对细胞也会产生其他影响，所以还难以对这些试验的结果和直接原因进行判断和解释。

(3) 微管

细胞质基质中第二种类型的小型丝状细胞器是一种直径在 25nm 的细小柱状体，由于它为管状结构，所以这种细胞器被称作微管。微管结构复杂，由两种在结构上略有不同的被称为微管蛋白的球形蛋白亚基组成，每个微管蛋白的直径为 4~5nm。这些亚基以螺旋状排列形成柱状结构，平均每周或每圈有 13 个亚单位。微管至少具有 3 种功能：a. 帮助维持细胞形状；b. 与微丝一起参与细胞运动；c. 参与细胞内运输过程。微管在细胞结构方面的功能是通过对其在细胞内分布的观察和化学药物秋水仙素作用的研究证明的。原生动物的一些需要支撑的细长细胞结构，如轴足(细长、刚硬的伪足)含有微管。微管也存在于一些参与细胞或细胞器运动的结构中——有丝分裂过程中出现的纺锤体、纤毛和鞭毛。

(4) 中间丝

基质中也存在其他种类的丝状分组,其中最重要的是中间丝(直径为 8~10nm)。微丝、微管和中间丝是一个相互关联的、巨大的、复杂的丝状体网络的主要组分,这种丝状体网络被称为细胞骨架。细胞骨架在细胞形态和运动两个方面具有重要作用。

(5) 内质网

除细胞骨架之外,细胞质基质中还分布着由分支并相互沟通的直径为 40~70nm 的膜管、许多被称为潴泡的扁平囊腔组成的不规则网络,即内质网。内质网的性质随细胞的功能和生理学状态不同而变化。正在大量合成某种目的蛋白质如分泌蛋白的细胞中,内质网的大部分外表面上附着有核糖体,称作糙面内质网或颗粒状内质网。而在其他细胞,如那些正在生产大量脂类的细胞,其内质网上没有核糖体,称作光面内质网或无颗粒内质网。内质网有许多重要功能。它能运输蛋白质、脂类,还可以使其他一些物质穿过细胞。脂类和蛋白质是由与内质网结合的酶和核糖体合成的。在与糙面内质网结合的核糖体中合成的多肽可插入内质网膜或进入内质网管腔中,再运输到别处。内质网也是细胞膜合成的主要场所。新内质网是通过内质网的伸展而产生的。许多生物学家认为糙面内质网在合成了新的内质网蛋白质和脂类后,"旧"的糙面内质网就会失去其结合的核糖体而转变成为光面内质网。

(6) 高尔基体

高尔基体是一种由扁平膜囊相互堆叠组成的膜状细胞器。与光面内质网相似,这些膜上没有核糖体附着。尽管有时数量会更多,但在通常情况下,每堆叠只含有 4~8 个扁平膜囊或囊泡。每个扁平膜囊厚度在 15~20nm,相互之间的间距在 20~30nm。在扁平膜囊的周围还有由细管和囊泡(直径为 20~100nm)构成的复杂网状结构。由于存在完全不同的两端或两面,所以这种扁平膜囊的堆叠体有确定的极性。顺面或形成面的扁平膜囊常与内质网相连,且在厚度、酶组成和囊泡的形成程度上与反面或成熟面的扁平膜囊不同。物质是通过在扁平膜囊边缘以出芽形成的囊泡从顺面运至反面,再进入下一个扁平膜囊。高尔基体存在于大多数真核细胞中,但许多真菌和原生动物中并没有一个形成完好的高尔基体结构,有时仅由单个扁平膜囊堆组成。但是许多细胞都含有 20 个以上分离的扁平膜囊堆,有时甚至更多。后者常称为分散高尔基体,它们可聚集在某一个区域或分散在整个细胞中。高尔基体可对物质进行包装并为该物质的分泌做准备,但其确切的作用方式随生物体不同而有所变化。一些鞭毛藻和放射状原生动物的表面鳞状结构是在高尔基体中组建然后通过泡膜运输到胞外。高尔基体还常参与细胞膜的形成和细胞产物的包装。而一些真菌菌丝的生长则是高尔基体囊泡将其包含物运至菌丝尖端壁上的结果。在以上所有的过程中,物质的运输是从内质网到高尔基体。大多数囊泡从内质网上出芽形成,移至高尔基体后与顺面扁平膜囊融合。因此在结构和功能上高尔基体均与内质网紧密相连。由内质网运输至高尔基体的大多数蛋白质为糖蛋白,它们含有短的碳氢链。高尔基体经常通过添加特定基团的方式对不同用途的蛋白质进行修饰(如在溶酶体蛋白的甘露糖上添加磷酸基),然后再将这些蛋白质运至适当的场所。高尔基体和内质网的一个非常重要的功能是合成另一种细胞器——溶酶体。

(7) 溶酶体和内体

与在植物和动物细胞中一样，在原生动物、某些藻类真菌等许多微生物细胞中也能发现该细胞器(或与之非常相似的结构)。溶酶体一般为球形，由单层膜包裹；直径平均约为 500nm，但大小的变化范围可由 50nm 至数微米不等。溶酶体参与胞内消化，并含有降解各类型大分子物质所必需的酶。这些被称为水解酶的酶类能催化分子的水解，偏酸性时为其最适作用条件(通常 pH 3.5~5.0)。溶酶体可通过将质子泵入的方式维持其酸性环境。消化酶由糙面内质网合成，并被高尔基体包装形成溶酶体。靠近高尔基体的部分光面内质网也可出芽形成溶酶体。

通过胞吞作用获得营养的细胞中，溶酶体显得尤为重要。在这一过程中，液体或颗粒状物质被包裹在由质膜内陷形成的泡或囊中进入细胞内。这些泡或囊内含液体及固体物质。大的空腔被称作液泡，小的腔为泡囊。胞吞作用有两种主要形式：吞噬作用和胞饮作用。在吞噬作用过程中，大颗粒甚至微生物均可被包裹进吞噬泡或吞噬体中并吞入细胞内；在胞饮作用中，将周围含有溶质分子的少量液体吞入，内陷形成小胞饮液泡(也称胞饮泡)或饮液体。因为通常吞噬体和胞饮泡均由胞吞作用形成，所以均称为内体。

高尔基体、溶酶体、内体及其他一些相关结构形成了一个极为复杂的被膜细胞器体系，它们似乎能相互协调，成为一个共同起作用的整体，其主要功能是输入和输出物质。

(8) 真核核糖体

真核核糖体可与内质网相连，也可游离在细胞质基质中。比细菌的 70S 核糖体大，为 60S 和 40S 亚单位的二聚体，直径约为 22nm，沉降系数为 80S，相对分子质量为 $4×10^6$。核糖体也可通过其 60S 亚单位与内质网结合，形成糙面内质网。游离的和与糙面内质网结合的核糖体均可合成蛋白质。糙面内质网上的核糖体产生的蛋白质进入内质网腔，用于运输并常用于分泌，或者插入内质网膜成为整合膜蛋白。而游离核糖体是非分泌蛋白和非膜蛋白合成的部位。由游离核糖体合成的一些蛋白质可进入细胞核、线粒体和叶绿体等细胞器。分子伴侣帮助合成后的蛋白质进行正确的折叠，也能协助蛋白质运至线粒体等细胞器。多个核糖体通常黏附在一条单个 mRNA 分子上，并同时将其信息翻译为蛋白质。信使 RNA 和核糖体的复合物称为多聚核糖体。

(9) 线粒体

在大多数真核细胞中都可发现有线粒体，它常被称为细胞的"动力站"。三羧酸循环、通过电子运输产生 ATP 及氧化磷酸化均在线粒体上发生。在透射电子显微镜下，线粒体常为圆柱状结构，大小为(0.3~1.0)μm×(5~10)μm，与细菌细胞的大小基本相同。一般细胞含有的线粒体数量可多达 1000 个，或者更多。但也有少数细胞(一些酵母菌、单细胞藻类和原生动物)仅有一个巨大的管状线粒体，它扭卷成连续的网状分布于细胞质中。线粒体的各部分之间在化学和酶组成方面各不相同。例如，外线粒体膜和内线粒体膜含有不同的脂类。参与电子运输和氧化磷酸化的酶和电子载体仅存在于内膜。三羧酸循环和脂肪酸的 β-氧化途径酶系则位于基质。线粒体内膜还具有与其功能相关的另一个显著特征，即在其内表面通过柄状结构结合有许多直径为 8.5nm 的小球体。这些球体称为 F_1 颗粒，可在细胞呼吸过程中生成 ATP。线粒体利用其 DNA 和核糖体合成部分自身蛋白质，大部分线粒体蛋白质是在细胞核的控制下合成的。实际上，线粒体 DNA 上的突变常导致人类的多种严重疾病。线粒体以二分裂方式进行繁殖，叶绿体也有类似的部分独立性和二分裂繁殖方式。

(10) 叶绿体

质体是藻类和含有色素(如叶绿素和类胡萝卜素)的高等植物的胞质细胞器，也是食物储存和合成的部位。质体中最重要的类型是叶绿体。叶绿体中含有叶绿素，并利用光能将二氧化碳和水转变成糖类和氧气。也就是说，叶绿体是光合作用的部位。尽管叶绿体在大小和形状上变化多端，但它们具有许多共同的结构特征。大多数叶绿体为卵圆形，大小为 $(5\sim10)\mu m \times (2\sim4)\mu m$，但某些藻类具有单个的巨大叶绿体，可占据细胞的大部分空间。同线粒体一样，叶绿体也被两层膜包裹。基质位于内膜内，含有 DNA、核糖体、脂滴、淀粉颗粒和复杂的内部膜系统，后者中最突出组分是扁平的、有膜界定的囊，称为类囊体。大多数藻类叶绿体的基质中分散着两个或更多的类囊体群。藻类的某些类群中，几个碟状类囊体像硬币一样彼此垛叠在一起形成基粒。

(11) 细胞核

细胞核是细胞遗传信息的储存部位，也是其控制中心。细胞核为有膜界定的球形体，直径 $5\sim7\mu m$。在经过染色的细胞核的核质中可看到致密的纤维状物质，称为染色质。这是细胞核包含 DNA 的部分。在非分裂细胞中，染色体以分散的状态(即染色质)存在，但在有丝分裂过程中染色质聚缩成为可见的染色体。一些被称为常染色质的核染色质排列松散，含有自身活跃表达的基因。而异染色质折叠压缩程度更高，在电子显微镜下表现为更黑，大多数时间无遗传活性。细胞核由核被膜包裹，内、外膜之间被宽为 $15\sim75nm$ 的核周间隙隔开。核被膜在多个位点与内质网相连，且外膜覆盖有核糖体。中间丝的网状结构，称为核纤层，位于核被膜的内表面，并支撑着核被膜。染色质通常与内膜相连。核被膜有许多穿透性的核孔，每个孔均由内、外膜融合而成。核孔直径约为 70nm，集中起来占核表面的 10%~25%。在每个核孔的边缘，以复杂的环状排列着被称为孔环的颗粒状和纤维状物质。核孔是细胞核与其周围细胞质之间的运输途径。已观察到有些颗粒物质通过核孔移动到细胞核中。通常核仁是细胞核中最明显的结构。一个细胞核中可含有一个到多个核仁。虽然核仁没有被膜包裹，但它是一个具有分散的颗粒和纤维区的复杂细胞器。核仁存在于非分裂细胞中，在有丝分裂过程中经常性地消失。有丝分裂之后，围绕着被称为核仁组织者的某一特定染色体的特定部位，核仁可重新形成。核仁在核糖体合成中发挥重要作用。核仁的 DNA 指导着核糖体 RNA(rRNA)的产生。该 RNA 先为一个长链，然后被切割形成最终的 rRNA 分子。经过处理的 rRNAs 进一步与核糖体蛋白质(在细胞质基质中已合成)结合形成部分完整的核糖体亚基。

(12) 细胞外部覆盖物

真核微生物拥有的位于细胞质膜外的支撑和保护性结构与原核微生物有明显差异。与大多数细菌具有细胞壁的情况相反，许多真核微生物都缺乏这种外部细胞结构，变形虫就是一个极好的例子。与大多数原核生物的细胞膜不同，真核微生物细胞膜在它们的脂双层中含有胆固醇等甾醇类物质，这使它们的机械强度增强，因此降低了对外部支撑结构的需求。当然，也有许多真核微生物具有坚硬的位于胞外的细胞壁。藻类细胞壁通常表现为层状排列，含有大量的纤维素和果胶等多糖，并且还可能存在有一些无机物类物质，如硅(硅藻中)或碳酸钙(某些红藻中)。真菌细胞壁通常比较坚硬，其具体组分随生物种类的不同会有所变化，但一般都含有纤维素、几丁质或葡聚糖(一种不同于纤维素的葡萄糖聚合物)。而尽管其自身性质比较复杂，组成真核微生物细胞壁的这些刚性物质在化学结构上要比原核生物的肽聚糖简单。许多原生动物和一些藻类具有不同的外部结构——表膜，它是位于质膜下面的一层相对刚硬的组分(有时也把质膜看作表膜的一部分)。表膜在结构上可相当简单。例如，裸藻属具有一系列重叠的边缘有嵴的狭长结构，恰好伸入相邻的沟中。相反，纤毛原生动物的表膜则格外地复杂，拥有两层膜和多种相关结构。虽然表膜在强度和硬度上不如细胞壁，但它也能使其拥有者维持特征性的形状。

(13) 纤毛和鞭毛

纤毛和鞭毛是与运动有关的最重要的细胞器。虽然它们均为鞭形，且均通过击打推动微生物向前运动，但在以下两个方面却彼此不同。首先，纤毛的典型长度仅在 $5\sim20\mu m$，而鞭毛则可达到 $100\sim200\mu m$。其次，它们的运动方式通常是有区别的，鞭毛以波动方式运动，并从基部或顶部产生平面的或螺旋形的波。如果波是从基部向顶部运动，则会向前推动细胞；而从顶部到基部的反冲可拉动细胞在水中穿行。有时，鞭毛具有次生毛，称为鞭毛侧丝。这些细丝可改变鞭毛的运动方式，使朝向鞭毛侧丝顶部方向运动的波动拉动而非推动细胞前进。这样的鞭毛常称为茸鞭，而裸露的鞭毛则被称为尾鞭型鞭毛。而纤毛通常情况下其击打运动存在两个明显不同时期。在有效摆动中，纤毛像桨一样划过周围的液体从而推动机体在水中向前运动。而在进行回复摆动被向前推进时，纤毛沿着其长度方向弯曲，为下次的有效摆动进行准备。有纤毛的微生物可对其击打运动进行协调，即一部分纤毛在进行有效摆动时另一部分纤毛则处于回复摆动时期，这使得机体能更灵活地在水中穿行。虽然鞭毛和纤毛有差别，但它们在超微结构上很相似。它们均为被膜包裹的柱状体，直径约 $0.2\mu m$。位于这种细胞器基质中的一个复杂结构为鞭毛轴丝，由围绕两个中央微管的9对微管二联体组成。

四、原核细胞与真核细胞比较

原核细胞和真核细胞之间存在许多不同(表3-1)。真核细胞有膜包围的细胞核，原核细胞没有真正的有膜界定的细胞核。细菌和古生菌为原核生物，其他所有有机体——藻类、真菌、原生动物、高等植物和动物为真核生物。正常情况下原核生物比真核生物小，通常相当于真核生物的线粒体和叶绿体大小。原核细胞结构更简单，尤其是缺少各种有膜界定的细胞器。原核生物不进行有丝分裂和减数分裂，遗传物质的组织形式也更加简单。原核生物也不具备许多复杂的生理过程如胞吞作用和胞饮作用、细胞内消化、定向细胞质流、类似变形虫的运动及其他。原核细胞和真核细胞两种基本的细胞类型中虽有如此多区别，但在生化水平上却非常相似，它们由相似的化学成分组成，生理代谢原则及大多数较重要的代谢途径也一致。

表 3-1 真核细胞与原核细胞的比较

比较项目		真核微生物	原核微生物
细胞大小		较大	较小
如果有细胞壁，其主要成分		纤维素、几丁质	肽聚糖
细胞膜	成分	通常含甾醇	一般无甾醇
	呼吸作用或光合作用组分	无	有
细胞质	线粒体	有	无
	间体	无	有
	溶酶体	有	无
	核糖体	80S(细胞质核糖体)	70S
	叶绿体	光能自养生物中有	无
	液泡	有些有	无
	贮藏物	淀粉等	聚-β-羟丁酸等
	高尔基体	有	无
	微管系统	有	无
	流动性	有	无
细胞核	核膜	有	无
	DNA 含量	少(约 5%)	多(约 10%)
	组蛋白	有	无
	有丝分裂	有	无
	减数分裂	有	无
	核仁	有	无
	染色体数目	一般多于 1 条	一般为 1 条
专性厌氧生活		无	常见
光合作用部位		叶绿体	细胞膜
繁殖方式		有性或无形，方式多种	多数进行二等分裂

第二节 典型真核微生物

真菌是一类低等的真核微生物，主要有以下几个特点：不能进行光合作用；以产生大量孢子进行繁殖；一般具有发达的菌丝体；营养方式为异养吸收型；陆生性较强。

一、酵母菌

酵母菌是一群单细胞真菌的总称，由于例外情况较多，因此很难对它下一个确切的定义。可以认为，酵母菌一般具有以下几个特点：个体一般以单细胞状态存在；多数营出芽繁殖，也有的裂殖；能发酵糖类产能；细胞壁常含甘露聚糖；喜在含糖量较高、酸度较大的水生环境中生长。

酵母菌在自然界分布很广，主要生长在偏酸性的含糖环境中，例如，在水果、蔬菜、蜜饯的表面和在果园土壤中最为常见。此外，在油田和炼油厂附近土层中也很易分离到能利用烃类的酵母菌。

酵母菌的种类很多，与人类的关系极其密切。可以认为，酵母菌是人类的第一种"家养微生物"。千百年来，酵母菌及其发酵产品大大改善和丰富了人类的生活，如乙醇和有关饮料的生产，面包的制造，甘油的发酵，石油及油品的脱蜡，饲用、药用或食用单细胞蛋白（SCP）的生产，从酵母菌体中提取核酸、麦角甾醇、辅酶A、细胞色素C、凝血质和维生素等生化药物，以及近年来将酵母菌尤其是酿酒酵母作为遗传工程中具有良好发展前途的受体菌等。上述的单细胞蛋白一般是指来自各类微生物体的蛋白质，它是继动物蛋白和植物蛋白后的另一类重要的可供动物作营养的蛋白质来源。良好的单细胞蛋白必须具备无毒、易消化吸收、必需氨基酸的含量丰富、核酸含量较低、口味好、制造容易和价格低廉等条件，而酵母菌生产的单细胞蛋白基本上具备以上条件。此外，酵母菌一般还能利用无机氮源或尿素来合成蛋白质，生长速度快，再加上细胞体积大等优点，因此，自然成了目前最重要的单细胞蛋白来源。

只有少数（约25种）酵母菌能引起人或其他动物的疾病，其中最常见的是白假丝酵母（白色念珠菌）和新型隐球菌。它们一般属于条件性致病菌，常可引起人体一些表层（皮肤、黏膜）或深层（各内脏、器官）的疾病，如鹅口疮、阴道炎、轻度肺炎或慢性脑膜炎等。

酵母菌是典型的真核微生物，其细胞直径一般比细菌大10倍，例如，典型的酵母菌细胞的宽度为 2.5~10μm，长度为 4.5~21μm。因此，在光学显微镜下，可模糊地看到其细胞内的种种结构分化。

酵母菌细胞的形态通常有球状、卵圆状、椭圆状、柱状或香肠状等多种，当它们进行一连串的芽殖后，如果长大的子细胞与母细胞并不立即分离，其间仅以极狭小的面积相连，这种藕节状的细胞串称为假菌丝；相反，如果细胞相连，且其间的横隔面积与细胞直径一致，则这种竹节状的细胞串称为真菌丝。

酵母菌一般都是单细胞微生物，且细胞都是粗短的形状，在细胞间充满着毛细管水，故它们在固体培养基表面形成的菌落也与细菌相仿，一般都有湿润、较光滑、有一定的透明度、容易挑起、菌落质地均匀以及正、反面和边缘、中央部位的颜色都很均一等特点。但由于酵母菌的细胞比细菌的大、细胞内颗粒较明显、细胞间隙含水量相对较少以及不能运动等，故反映在宏观上就产生了较大、较厚、外观较稠和较不透明的菌落。酵母菌菌落的颜色比较单调，多数都呈乳白色或矿烛色，少数为红色，个别为黑色。另外，凡不产生假菌丝的酵母菌，其菌落更为隆起，边缘十分圆整，而会产大量假菌丝的酵母菌，则菌落较平坦，表面和边缘较粗糙。酵母菌的菌落一般还会散发出一股悦人的酒香味。

二、霉菌

霉菌是丝状真菌的一个通俗名称，意即"发霉的真菌"，通常指那些菌丝体比较发达而又不产生大型子实体的真菌。它们往往在潮湿的气候下大量生长繁殖，长出肉眼可见的丝状、绒状或蛛网状的菌丝体，有较强的陆生性，在自然条件下，常引起食物及工、农业产品的霉变和植物的真菌病害。

在地球上，几乎到处都有真菌的踪迹，而霉菌则是真菌的主要代表，它们的种类和数量惊人。在自然界中，真菌主要扮演着各种复杂有机物尤其是数量最大的纤维素、半纤维素和木质素的分解者角色。由于它们具有广泛的生物化学转化活动，使数量巨大的动、植物尤其是植物的残体，重新转变为生态系统中的生产者（绿色植物）的养料，从而保证了地球上包括人类在内的一切异养生物（即生态系统中的消费者）的需要，并促进了整个生物圈的繁荣发展。

霉菌与工业生产、食品生产、物质霉变和动植物病害等方面都有密切的关系。a. 工业应用：如柠檬酸、葡萄糖酸等多种有机酸，淀粉酶、蛋白酶和纤维素酶等多种酶制剂，青霉素、头孢霉素等抗生素，核黄素等维生素，麦角碱等生物碱，真菌多糖以及植物生长刺激素（赤霉素）等的生产；利用某些霉菌对甾族化合物的生物转化生产甾体激素类药物；在生物防治、污水处理和生物测定等方面的应用等。b. 食品生产：如酿制酱、酱油、干酪等。c. 物质霉变：食品、纺织品、皮革、木器、纸张、光学仪器、电工器材和照相胶片等都易被霉菌所霉坏而变质。d. 动植物病害：植物传染性病害的主要病原微生物是真菌。真菌约可引起3万种植物病害。不少致病真菌可引起人体和动物的浅部病变（如皮肤癣菌引起的各种癣症）和深部病变（如既可侵害皮肤、黏膜，又可侵犯肌肉、骨骼和内脏），在当前已知道的约5万种真菌中，被国际确认的人、畜致病菌或条件致病菌已有200余种（包括酵母菌在内）。

霉菌有着极强的繁殖能力，它们可通过无性繁殖或有性繁殖的方式产生大量新个体。虽然真菌菌丝体上任一部分的菌丝碎片都能进行繁殖，但在正常自然条件下，真菌主要还是通过无性或有性孢子来进行繁殖的。

霉菌的细胞呈丝状，在固体培养基上有营养菌丝和气生菌丝的分化，气生菌丝间没有毛细管水，故它们的菌落与细菌和酵母菌不同，而与放线菌接近。霉菌的菌落形态较大，质地一般比放线菌疏松，外观干燥，不透明，呈现紧或松的蛛网状、绒毛状或棉絮状；菌落与培养基的连接紧密，不易挑取，菌落正、反面的颜色和边缘与中心的颜色常不一致等。

菌落正、反面颜色呈现明显差别的原因，是气生菌丝尤其是由它所分化出来的子实体的颜色往往比分散在固体基质内的营养菌丝的颜色深；而菌落中心与边缘颜色及结构不同的原因，则是越接近中心的气生菌丝其生理年龄越大，分化和成熟也越早，颜色一般也越深，这样，它与菌落边缘尚未分化的气生菌丝比起来，自然会有明显的颜色和结构上的差异。

巩固练习

1. 名词解释

真核微生物，菌丝体，溶酶体，微体，高尔基体，线粒体，叶绿体，细胞核，酵母菌，霉菌。

2. 填空题

(1) 真核微生物的细胞结构一般包括_____、_____、_____、_____、_____、

_____、_____、_____、_____和_____等。
(2) 真菌菌丝的分枝和长度都是_____，但其宽度一般为_____μm。
(3) 真菌细胞的染色体除了含有双螺旋脱氧核糖核酸外，还含有_____和_____。
(4) 酵母菌的繁殖分为_____和_____繁殖两大类。

3. 选择题

(1) 真菌通常指(　　)。
A. 所有真核微生物　　　　　　　　B. 具有丝状体的微生物
C. 霉菌、酵母菌和蕈菌　　　　　　D. 霉菌和酵母菌

(2) 下列不属于真菌细胞器结构的是(　　)。
A. 线粒体　　　B. 叶绿体　　　C. 内质网　　　D. 高尔基体

(3) 构成丝状真菌营养体的基本单位是(　　)。
A. 菌丝　　　B. 菌丝体　　　C. 无隔菌丝　　　D. 有隔菌丝

(4) 酵母菌细胞壁主要含(　　)。
A. 肽聚糖和甘露聚糖　　　　　　　B. 葡聚糖和脂多糖
C. 几丁质和纤维素　　　　　　　　D. 葡聚糖和甘露聚糖

4. 问答题

(1) 什么是真菌、酵母菌和霉菌？
(2) 简述区分原核生物和真核微生物的方法。

第四章 病毒和亚病毒

○ 项目描述：

病毒是一种个体微小、结构简单、只含一种核酸（DNA 或 RNA）、必需在活细胞内寄生并以复制方式增殖的非细胞型生物。它是侵害各种生物的病原体，其种类繁多，与人类关系密切，对传染病防治、工农业生产和环境保护等方面具有重大的影响。亚病毒是一类比病毒更为简单，仅具有某种核酸、不具有蛋白质，或仅具有蛋白质而不具有核酸、不具有完整的病毒结构的一类微生物。它对于开展生物学基础理论研究、促进人类健康事业和推动生产实践的发展有重大的意义。本章主要介绍病毒和亚病毒的概念、分类和特性。

○ 知识目标：

1. 熟练掌握病毒的概念和分类。
2. 熟练掌握病毒的特性。
3. 熟悉病毒的大小和形态。
4. 掌握噬菌体的繁殖方式。
5. 了解植物病毒、人类和脊椎动物病毒、昆虫病毒的危害。
6. 熟练掌握亚病毒的概念和分类。
7. 掌握类病毒、拟病毒和朊病毒的特性。
8. 熟悉噬菌体在发酵工业中的危害。
9. 了解昆虫病毒用于生物防治的优缺点。
10. 了解噬菌体、植物 DNA 病毒、昆虫 DNA 病毒在基因工程中的载体作用。

○ 能力目标：

1. 能够准确描述病毒分类和特性。
2. 能够准确描述病毒大小，识别病毒的不同形态。
3. 能够准确阐述病毒的基本成分和基本结构。
4. 能够准确阐述噬菌体的繁殖过程。
5. 能够举例说明植物病毒、人类和脊椎动物病毒、昆虫病毒的危害。
6. 能够准确描述亚病毒分类，正确区分类病毒、拟病毒和朊病毒。
7. 能够举例说明常见的类病毒、拟病毒和朊病毒。
8. 能够说明发酵工业中噬菌体污染的危害。
9. 能够举出昆虫病毒用于生物防治的相关实例。
10. 能够收集资料积极探索噬菌体、植物 DNA 病毒、昆虫 DNA 病毒在基因工程中的应用。

第一节 病　毒

病毒(virus)是在19世纪末才被发现的一类微小病原体。随着研究的深入，现代病毒学家已把病毒这类非细胞生物分成真病毒(简称病毒)和亚病毒两大类。真病毒至少含有核酸和蛋白质两种组分；凡在核酸和蛋白质两种成分中，只含其中之一的分子病原体，称为亚病毒，包括类病毒、拟病毒和朊病毒3类。

一、病毒概述

病毒是一类由核酸和蛋白质等少数几种成分组成的超显微"非细胞生物"，其本质是一种只含DNA或RNA的遗传因子，它们能以感染态和非感染态两种状态存在：在宿主体内时呈感染态(在活细胞内专性寄生)，依赖宿主的代谢系统获取能量、合成蛋白质和复制核酸，然后通过核酸与蛋白质的装配而实现其大量繁殖；在离体条件下，它们能以无生命的生物大分子状态长期存在，并可保持其侵染活性。

具体地说，病毒的特性有：a. 形体极其微小，一般都能通过细菌滤器，故必须在电子显微镜下才能观察到；b. 没有细胞构造，其主要成分仅为核酸和蛋白质两种，故又称"分子生物"；c. 每一种病毒只含一种核酸，不是DNA就是RNA；d. 既无产能酶系，也无蛋白质和核酸合成酶系，只能利用宿主活细胞内现成代谢系统合成自身的核酸和蛋白质组分；e. 以核酸和蛋白质等"元件"的装配实现其大量繁殖；f. 在离体条件下，能以无生命的生物大分子状态存在，并可长期保持其侵染活力；g. 对一般抗生素不敏感，但对干扰素敏感；h. 有些病毒的核酸还能整合到宿主的基因组中，并诱发潜伏性感染。

由于病毒是专性活细胞内的寄生物，因此，凡在有细胞的生物生存之处，都有与其相对应的病毒存在，这就是病毒种类多样性的原因。至今，从人类、脊椎动物、昆虫和其他无脊椎动物、植物，甚至真菌、细菌、放线菌和蓝细菌等各种生物中，都发现有各种相应的病毒存在。

病毒与人类的关系密切，至今人类和许多有益动物的疑难疾病和威胁性最大的传染病几乎都是病毒病；发酵工业中的噬菌体(细菌病毒)污染会严重危及生产；许多侵染有害生物的病毒可制成生物防治剂而用于生产实践。此外，许多病毒还是生物学基础研究和基因工程中的重要材料或工具。

二、病毒的形态构造和化学成分

1. 病毒的大小

绝大多数的病毒都是能通过细菌滤器的微小颗粒，它们的直径多数在100nm左右，因此，病毒、细菌和真菌这3类微生物个体直径比约为1∶10∶100。观察病毒的形态和精确测定其大小，必须借助电子显微镜。最大的病毒是直径为200nm的牛痘苗病毒，最小病毒之一是脊髓灰质炎病毒，其直径仅为28nm。

2. 病毒的形态

(1) 典型病毒粒的构造

由于病毒是一类非细胞生物体，故单个病毒个体不能称作"单细胞"，这样就产生了"病毒粒"或"病毒体"这个名词。病毒粒有时也称病毒颗粒或病毒粒子，专指成熟的、结构完整的和有感染性的单个病毒。病毒粒的基本成分是核酸和蛋白质。核酸位于中心，蛋白质包围在核酸周围，形成了衣壳。衣壳是病毒粒的主要支架结构和抗原成分，有保护核酸等作用。衣壳是由许多在电子显微镜下可辨别的形态学亚单位——衣壳粒所构成。核酸和衣壳合称核衣壳，它是任何病毒(指真病毒)都具有的基本结构。有些较复杂的病毒(一般为动物病毒，如流感病毒)，其核衣壳外还被一层含蛋白质或糖蛋白的类脂双层膜覆盖着，这层膜称为包膜。包膜中的类脂来自宿主的细胞膜。有的包膜上还长有刺突等附属物。包膜的有无及其性质与该病毒的宿主专一性和侵入等功能有关。

(2) 病毒粒的对称体制

病毒粒的对称体制只有两种，即螺旋对称和二十面体对称(等轴对称)。另一些结构较复杂的病毒，实质上是上述两种对称相结合的结果，故称为复合对称。

(3) 病毒的群体形态

病毒粒虽是无法用光学显微镜观察的亚显微颗粒，但当它们大量聚集并使宿主细胞发生病变时，就形成了具有一定形态、构造并能用光学显微镜加以观察和识别的特殊"群体"，如动、植物细胞中的病毒包涵体；有的还可用肉眼观察，如由噬菌体在菌苔上形成的"负菌落"即噬菌斑，由动物病毒在宿主单层细胞培养物上形成的空斑，以及由植物病毒在植物叶片上形成的枯斑等。病毒的这类群体形态有助于对病毒的分离、纯化、鉴别和计数等许多实践工作。

3. 典型形态的病毒及其代表

(1) 螺旋对称的代表——烟草花叶病毒

烟草花叶病毒简称TMV(tobaco mosaic virus)，是一种在病毒学发展史各阶段都有重要影响的模式植物病毒，它可作为螺旋对称的典型代表。

TMV外形直杆状，长300nm，宽15nm，中空(内径为4nm)。由95%衣壳蛋白和5%单链RNA(ssRNA)组成。衣壳含2130个皮鞋状的蛋白质亚基即衣壳粒，每个亚基含158个氨基酸，相对分子质量为17 500。亚基以逆时针方向作螺旋状排列，共围130圈(每圈长2.3nm，有16.33个亚基)。ssRNA由6390个核苷酸构成，相对分子质量为2×10^6，它位于距轴中心4nm处以相等的螺距盘绕于蛋白质外壳内，每3个核苷酸与1个蛋白质亚基相结合，因此，每圈有49个核苷酸。

由于其核苷酸有合适的蛋白质衣壳包裹和保护，故结构十分稳定，甚至在室温下放置50年后仍不丧失其侵染力。

(2) 十面体对称的代表——腺病毒

腺病毒是一类动物病毒，1953年首次从手术切除的小儿扁桃体中分离到，至今已发现有100余种，能侵染哺乳动物或禽类等动物。主要侵染呼吸道、眼结膜和淋巴组织，是急性咽炎、咽结膜炎、流行性角膜结膜炎和病毒性肺炎等的病原体。

腺病毒的外形呈球状，实质上却是一个典型的二十面体。没有包膜，直径为70～80nm。它有12个角、20个面和30条棱。衣壳由252个衣壳粒组成，包括称作五邻体的衣壳粒12个（分布在12个顶角上），以及称作六邻体的衣壳粒240个（均匀分布在20个面上）。每个五邻体上突出一根末端带有顶球的蛋白纤维，称为刺突。腺病毒的核酸是含36 500bp碱基对的线状双链DNA(dsDNA)。

在实验室中，腺病毒只能培养在人的组织细胞上，如羊膜细胞和HeLa细胞上，尤其适宜生长于人胎肾组织细胞上。腺病毒在宿主的细胞核中进行增殖和装配，并可在宿主细胞内形成包涵体。

(3)复合对称的代表——T偶数噬菌体

大肠埃希氏菌的T偶数噬菌体共有3种，即T2、T4和T6。它们是病毒学和分子遗传学基础理论研究中的极好材料。由于它们的结构极其简单，因此是人类研究得最为透彻的生命对象之一。

T4由头部、颈部和尾部3个部分构成。由于头部呈二十面体对称而尾部呈螺旋对称，故是一种复合对称结构。其头部长95nm，宽65nm，在电子显微镜下呈椭圆形二十面体，衣壳由8种蛋白质组成，总含量占76%～81%，由212个直径为6nm的衣壳粒组成。头部内藏有由线状dsDNA构成的核心，长度约50μm，为其头长的650倍，由$1.7×10^5$bp碱基构成。头、尾相连处有一构造简单的颈部，包括颈环和颈须两个部分。颈环为一六角形的盘状构造，直径37.5nm，其上有6根颈须，用以裹住吸附前的尾丝。尾部由尾鞘、尾管、基板、刺突和尾越5个部分组成。尾鞘长95nm，是一个由144个相对分子质量各为55 000的衣壳粒缠绕而成的24环螺旋。尾管长95mm，直径为8mm，其中央孔通常直径为2.5～3.5nm，是头部核酸（基因组）注入宿主细胞时的必经之路。尾管亦由24环螺旋组成，恰与尾鞘上的24个螺旋环相对应。基板与颈环一样，为一有中央孔的六角形盘状物，直径为3.5nm，上长6个刺突和6根尾丝。刺突长为20nm，有吸附功能。尾丝长140mm，折成等长的2段，直径仅2nm，由2种相对分子质量较大的蛋白质和4种相对分子质量较小的蛋白质构成，能专一地吸附在敏感宿主细胞表面的相应受体上。

T4通过尾丝吸附于宿主大肠埃希氏菌表面。吸附后，由于基板受到构象上的刺激，中央孔开口，释放溶菌酶并水解部分细胞壁，接着尾鞘蛋白收缩，把尾管插入宿主细胞中。

4. 病毒的核酸

核酸构成了病毒的基因组，是病毒粒中最重要的成分，具有遗传信息的载体和传递体的作用。病毒核酸的种类很多，是病毒系统分类中最可靠的分子基础，主要有以下几个指标：a. 是DNA还是RNA；b. 是单链还是双链；c. 呈线状还是环状；d. 是闭环还是缺口环；e. 基因组是单分子、双分子、三分子还是多分子；f. 碱基或碱基对数，以及核苷酸序列等。

总的来说，动物病毒以线状的dsDNA和ssRNA为多，植物病毒以ssRNA为主，噬菌体以线状的 dsDNA 居多,而至今已详细研究过的 33 种真菌病毒都属 dsRNA 病毒。

三、病毒的种类及其繁殖方式

病毒的种类很多,它们的繁殖方式既有共性又有各自的特点,这里拟以研究得最为深入的大肠埃希氏菌 T 偶数噬菌体为代表,系统地简述其繁殖过程,然后再简单地介绍一下其他病毒及其繁殖特点。

1. 原核生物的病毒——噬菌体

噬菌体即原核生物的病毒,包括噬细菌体、噬放线菌体和噬蓝细菌体等,它们广泛地存在于自然界,凡有原核生物活动之处几乎都发现有相应噬菌体的存在。噬菌体种类很多,可归纳成 6 种主要形态,即:A 型,dsDNA,蝌蚪状,收缩性尾;B 型,dsDNA,蝌蚪状,非收缩性长尾;C 型,dsDNA,非收缩性短尾;D 型,ssDNA,球状,无尾,大顶衣壳粒;E 型,ssRNA,球状,无尾,小顶衣壳粒;F 型,ssDNA,丝状,无头尾。

(1) 噬菌体的繁殖

与其他细胞型的微生物不同,噬菌体和一切病毒粒并不存在个体的生长过程,而只有其两种基本成分的合成和进一步的装配过程,所以同种病毒粒间并没有年龄和大小之别。

噬菌体的繁殖一般分为 5 个阶段,即吸附、侵入、增殖(复制与生物合成)、成熟(装配)和裂解(释放)。凡在短时间内能连续完成以上 5 个阶段而实现其繁殖的噬菌体,称为烈性噬菌体,反之则称为温和噬菌体。烈性噬菌体所经历的繁殖过程,称为裂解性周期或增殖性周期。现以大肠埃希氏菌的 T 偶数噬菌体为代表加以介绍。

①吸附 当噬菌体与其相应的特异宿主在水环境中发生偶然碰撞后,如果尾丝尖端与宿主细胞表面的特异性受体(蛋白质、多糖或脂蛋白-多糖复合物等)接触,就可触发颈须把卷紧的尾丝散开,随即就附着在受体上,从而把刺突、基板固着于细胞表面。

吸附作用受许多内、外因素的影响,如噬菌体的数量、阳离子浓度、温度和辅助因子(色氨酸、生物素)等。

②侵入 噬菌体吸附后尾丝收缩,基板从尾丝中获得构象刺激,促使尾鞘中的 144 个蛋白质亚基发生复杂的移位,并紧缩成原长的一半,由此把尾管推出并插入细胞壁和膜中。此时尾管端所携带的少量溶菌酶可把细胞壁上的肽聚糖水解,以利于侵入。头部的核酸迅即通过尾管及其末端小孔注入宿主细胞中,并将蛋白质躯壳留在宿主细胞壁外。从吸附到侵入的时间极短,如 T4 只需 15s。

③增殖 该阶段包括核酸的复制和蛋白质的生物合成。首先,噬菌体以其核酸中的遗传信息向宿主细胞发出指令并提供"蓝图",使宿主细胞的代谢系统按严密程序有条不紊地逐一转向或适度改造,从而能有效合成噬菌体所特有的组分和"部件",其中所需"原料"可通过宿主细胞原有核酸等的降解、代谢库内的贮存或从外界环境中取得。一旦大批成套的"部件"合成,就在细胞"工厂"里进行突击装配,于是就产生了一大群形状、大小完全相同的子代噬菌体。

由于烈性噬菌体的核酸类型多样,故其复制和生物合成的方式也截然不同。大肠埃希氏菌的 T 偶数噬菌体是按早期基因、次早期基因和晚期基因的顺序来进行转录、转译和复制的。

当噬菌体将 dsDNA 注入宿主细胞后，首先是设法利用宿主细胞内原有的 RNA 聚合酶转录出噬菌体的 mRNA，再由这些 mRNA 进行转译，以合成噬菌体特有的蛋白质。这一过程称为早期转录，由此产生的 mRNA 称早期 mRNA，其后的转译称早期转译，而产生的蛋白质则称早期蛋白。早期蛋白的种类很多，最重要的是一种只能转录噬菌体次早期基因的次早期 mRNA 聚合酶（如 T7 噬菌体中），而在 T4 等噬菌体中，其早期蛋白则称更改蛋白，特点是它本身并无 RNA 聚合酶的功能，却可与宿主细胞内原有的 RNA 聚合酶结合以改变后者的性质，把它改造成只能转录噬菌体次早期基因的酶。至此，噬菌体已能大量合成其自身所需的 mRNA 了。

利用早期蛋白中新合成的或更改后的 RNA 聚合酶来转录噬菌体的次早期基因，借以产生次早期 mRNA 的过程，称为次早期转录，由此合成的 mRNA 称为次早期 mRNA，进一步的转译即为次早期转译，其结果是产生了多种次早期蛋白，如分解宿主细胞 DNA 的 DNA 酶，复制噬菌体 DNA 的 DNA 聚合酶，HMC（5-羟甲基胞嘧啶）合成酶，以及供晚期基因转录用的晚期 mRNA 聚合酶等。

晚期转录是指在新的噬菌体 DNA 复制完成后对晚期基因所进行的转录作用，其结果是产生了晚期 mRNA，由它再经晚期转译后，就产生了一大批可用于子代噬菌体装配的"部件"——晚期蛋白，包括头部蛋白、尾部蛋白、各种装配蛋白和溶菌酶等。至此，噬菌体核酸的复制和各种蛋白质的生物合成就完成了。

④成熟（装配） 噬菌体的成熟过程事实上就是把已合成的各种"部件"进行自装配的过程。在 T4 噬菌体的装配过程中，约需 30 种不同蛋白质和至少 47 个基因参与。主要过程为：DNA 分子的缩合，通过衣壳包裹 DNA 而形成完整的头部，尾丝和尾部的其他"部件"独立装配完成，头部和尾部相结合，最后再装上尾丝。

⑤裂解（释放） 当宿主细胞内的大量子代噬菌体成熟后，由于水解细胞膜的脂肪酶和水解细胞壁的溶菌酶等的作用，促进了宿主细胞的裂解，从而完成了子代噬菌体的释放。另一种表面上与此相似的现象为一种自外裂解，是指大量噬菌体吸附在同一宿主细胞表面并释放众多的溶菌酶，最终因外在的原因而导致细胞裂解。自外裂解不能导致大量子代噬菌体产生。

上述增殖的整个过程速度很快，例如，大肠埃希氏菌系噬菌体在合适温度等条件下仅为 15~25min。平均每一宿主细胞裂解后产生的子代噬菌体数称作裂解量，不同的噬菌体裂解量有所不同，如 T2 为 150 个左右（5~447 个），T4 约 100 个。

（2）噬菌体效价的测定

在涂布有敏感宿主细胞的固体培养基表面，若接种上相应噬菌体的稀释液，其中每一噬菌体粒子先侵染和裂解一个细胞，然后以此为中心，再反复侵染和裂解周围大量的细胞，结果就会在菌苔上形成一个具有一定形状、大小、边缘和透明度的噬菌斑。因每种噬菌体的噬菌斑有一定的形态，故可用作该噬菌体的鉴定指标，也可用于纯种分离和计数。这种情况与利用菌落进行其他微生物的分离、计数和鉴定相似，区别是噬菌体只形成"负菌落"。据测定，一个直径仅 2mm 的噬菌斑，其所含的噬菌体粒子数高达 $1\times10^7 \sim 1\times10^9$ 个。

"效价"这一名词在不同的场合有不同的含义。在这里，效价表示每毫升试样中所含有的具侵染性的噬菌体粒子数，又称噬菌斑形成单位数或感染中心数。测定效价的方法很多，较为常用且精确的方法是双层平板法。

主要操作步骤为：预先分别配制含2%和1%琼脂的底层培养基和上层培养基。先用底层培养基在培养皿上浇一层平板，待凝固后，再把预先融化并冷却到45℃以下、加有较浓的敏感宿主和一定体积待测噬菌体样品的上层培养基，在试管中摇匀后，立即倒在底层培养基上铺平待凝，然后在37℃下保温。一般经10h后即可对噬菌斑计数。此法有许多优点，如加了底层培养基后，可弥补培养皿底部不平的缺陷；可使所有的噬菌斑都位于近同一平面上，因而大小一致、边缘清晰且无重叠现象；又因上层培养基中琼脂较稀，故可形成形态较大、特征较明显以及便于观察和计数的噬菌斑。

用双层平板法计算出来的噬菌体效价总是比用电子显微镜直接计数得到的效价低。这是因为前者是计算有感染力的噬菌体粒子，而后者是计算噬菌体的总数(包括有或无感染力的全部个体数)。同一样品根据噬菌斑计算出来的效价与用电子显微镜计算出来的效价之比，称成斑率。噬菌体的成斑率一般均大于50%，而动物病毒或植物病毒用类似的方法(如单层细胞空斑法或叶片枯斑法)所得的成斑率一般仅10%。

(3) 一步生长曲线

定量描述烈性噬菌体生长规律的实验曲线，称作一步生长曲线或一级生长曲线。因它可反映噬菌体(或病毒)的3个最重要的特征参数——潜伏期、裂解期和裂解量，故十分重要。

①潜伏期 噬菌体的核酸侵入宿主细胞后至第一个成熟噬菌体粒子装配前的一个时期，称为潜伏期。它又可分为两个阶段：隐晦期，指在潜伏期前期人为地(用氯仿等)裂解宿主细胞后，此裂解液仍无侵染性的一段时间，这时细胞内正处于复制噬菌体核酸和合成其蛋白质衣壳的阶段；胞内累积期，即潜伏后期，指在隐晦期后，若人为地裂解细胞，其裂解液已呈现侵染性的一段时间，这意味着细胞内已开始装配噬菌体粒子，并可以通过电子显微镜观察到。

②裂解期 紧接在潜伏期后的宿主细胞迅速裂解、溶液中噬菌体粒子急剧增多的一个时期，称为裂解期。噬菌体或其他病毒粒只有个体装配而不存在个体生长，再加上其宿主细胞裂解的突发性，因此，从理论上来分析，其裂解期应是瞬间出现的。但事实上因为宿主群体中各个细胞的裂解是不同步的，故出现了较长的裂解期。

③平稳期 感染后的宿主细胞已全部裂解，溶液中噬菌体效价达到最高点的时期，称为平稳期。在本期中，每一宿主细胞释放的平均噬菌体粒子数即为裂解量。

一步生长曲线的基本试验步骤为：用噬菌体的稀释液去感染高浓度的宿主细胞，以保证每个细胞所吸附的噬菌体最多只有一个。经数分钟吸附后，在混合液中加入适量的相应抗血清，借以中和尚未吸附的噬菌体。然后用保温的培养液稀释此混合液，同时终止抗血清的作用，随即置于适宜的温度下培养。其间每隔数分钟取样，连续测定其效价，再把结果绘制成图即可。

(4) 溶源性

温和噬菌体侵入相应宿主细胞后，由于前者的基因组整合到后者的基因组上，并随后者的复制而进行同步复制，因此，这种温和噬菌体的侵入并不引起宿主细胞裂解，此即称溶源性或溶源现象。凡能引起溶源性的噬菌体即称温和噬菌体，而其宿主就称溶源菌。溶源菌是一类能与温和噬菌体长期共存、一般不会出现有害影响的宿主细胞。

温和噬菌体的存在形式有3种：游离态，指成熟后被释放并有侵染性的游离硫菌体粒子；整合态，指已整合到宿主基因组上的前噬菌体状态；营养态，指前噬菌体经外界理化因子诱导后，脱离宿主核基因组而处于积极复制、合成和装配的状态。

温和噬菌体十分常见，如大肠埃希氏菌的λ、Mu-1、P1和P2等。其中的λ噬菌体是迄今研究得最清楚的一种温和噬菌体，其头呈二十面体（直径为55nm），有一可弯曲、中空、非缩性长尾（150nm×10nm），头、尾间由"颈"连接。核心为线状dsDNA（长度为48 514bp，约含61个基因），其两端各有一由12个碱基组成的黏性末端"cos"位点。当其通过尾部感染宿主时，此线状dsDNA通过两端黏性末端间的配对并在宿主的连接酶作用下发生环化，接着进入裂解性循环（即经20min后可释放约100个子代λ噬菌体）或溶源性循环（即整合到宿主的核基因组上，以前噬菌体形式长期潜伏）。

在自然界中，各种细菌、放线菌等都有溶源菌存在，如"*E. coli* K12(λ)"就是表示一株带有λ前噬菌体的大肠杆菌K12溶源菌体。

检验某菌株是否为溶源菌的方法，是将少量溶源菌与大量的敏感性指示菌（遇溶源菌裂解后所释放的温和噬菌体会发生裂解循环者）相混合，然后与琼脂培养基混匀后倒入平板，经培养后溶源菌就会长成菌落。由于溶源菌在细胞分裂过程中有极少数个体会引起自发裂解，其释放的噬菌体可不断侵染溶源菌菌落周围的指示菌菌苔，于是就形成了一个个中央有溶源菌的小菌落、四周有透明圈围着的这种独特噬菌斑。

2. 植物病毒

植物病毒大多为ssRNA病毒，基本形态为杆状、丝状和球状（二十面体），一般无包膜。植物病毒对宿主的专一性通常较差，如TMV就可侵染10余科100余种草本和木本植物。已知的植物病毒有700余种（1989年），绝大多数的种子植物尤其是禾本科、葫芦科、豆科、十字花科和蔷薇科植物都易患病毒病。其症状为：因叶绿体被破坏或不能合成叶绿素，叶片发生花叶、黄化或红化症状；植株发生矮化、丛枝或畸形；形成枯斑或坏死。

植物病毒的增殖过程与噬菌体相似，但在具体细节中有许多差别。因它们一般无特殊吸附结构，故只能以被动方式侵入，如可通过昆虫刺吸式口器刺破植物表面侵入，借植物的天然创口或人工嫁接时的创口而侵入等。在植物组织中，则可借细胞间丝实现病毒粒的扩散和传播。与噬菌体不同的是，植物病毒必须在侵入宿主细胞后才脱去衣壳（即脱壳）。

植物病毒在其核酸复制和衣壳蛋白合成的基础上，即可进行病毒粒的装配。TMV等杆状病毒是先初装成许多双层盘，然后因RNA嵌入和pH降低等而变成双圈螺旋，最后再聚合成完整的杆状病毒。球状病毒的装配则属于自体装配体系，这种体系是依靠一种非专一离子间的相互完成的。它们的核酸能催化蛋白质亚基的聚合和装配，并决定其准确的二十面体对称的球状外形。

3. 人类和其他脊椎动物病毒

在人类、其他哺乳动物、禽类、爬行类、两栖类和鱼类等各种脊椎动物中,广泛寄生着相应的病毒。目前研究得较深入的仅是一些与人类健康和经济利益有重大关系的脊椎动物病毒。已知与人类健康有关的病毒超过 300 种,与其他脊椎动物有关的病毒超过 900 种。目前,人类的传染病有 70%~80% 是由病毒引起的,且至今对其中的大多数还缺乏有效的对付手段。常见的病毒病如流行性感冒、肝炎、疱疹、流行性乙型脑炎、狂犬病和艾滋病等。此外,在人类的恶性肿瘤中,约有 15% 是由于病毒的感染而诱发的。在人类的病毒病中,最严重是自 20 世纪 80 年代初开始在全球流行、被称作"世纪瘟疫"或"黄色妖魔"的获得性免疫缺陷综合征(acquired immune deficiency syndrome,AIDS),即艾滋病。引起艾滋病的病毒称人类免疫缺陷病毒(human immunodeficieney virus,HIV)。联合国艾滋病规划署(UNAIDS)统计,全球目前约有 3790 万人感染艾滋病病毒,其中 2330 万人接受了治疗,创历史最高值。畜、禽等动物的病毒病也极其普遍,且危害严重,如猪瘟、牛瘟、口蹄疫、鸡瘟、鸡新城疫和劳氏肉瘤等。值得注意的是,许多病毒病是人畜共患病,应防止相互传染。

脊椎动物病毒的种类很多,根据其核酸类型可分为 dsDNA 和 ssDNA 病毒以及 dsRNA 和 ssRNA 病毒,其衣壳外有的有包膜,有的无包膜。它们的增殖过程与上述的噬菌体和植物病毒相似,只是在一些细节上有所不同。大多数动物病毒无吸附结构的分化。少数病毒如流感病毒在其包膜表面长有柱状或蘑菇状的刺突,可吸附在宿主细胞表面的黏蛋白受体上,腺病毒则可通过五邻体上的刺突行使吸附功能。吸附之后,病毒粒可通过胞饮、包膜融入细胞膜或特异受体的转移等作用侵入细胞中,接着发生脱壳、核酸复制和衣壳蛋白的生物合成,再通过装配、成熟和释放,就形成大量有侵染力的子代病毒。

4. 昆虫病毒

已知的昆虫病毒有 1670 余种,其中 80% 以上都是农、林业中常见的鳞翅目害虫的病原体,因此是害虫生物防治中的巨大资源库。

多数昆虫病毒可在宿主细胞内形成光学显微镜下呈多角形的包涵体,称为多角体,其直径一般为 3μm(0.5~10μm),成分为碱溶性晶体蛋白,其内包裹着数目不等的病毒粒。多角体可在细胞核或细胞质内形成,功能是保护病毒粒免受外界不良环境的破坏。

昆虫病毒的种类主要有以下 3 种:

(1) 核型多角体病毒(NPV)

这是一类在昆虫细胞内增殖的具有蛋白质包涵体的杆状病毒,数量最多,如棉铃虫、黏虫和桑毛虫的核型多角体病毒等。2001 年 5 月,经我国和荷兰科学家合作,已完成了中国棉虫单核衣壳核型多角体病毒(HaSNPV)的基因组全序列测定(全长为 131 403bp)。该病毒是我国自主研究并应用于农业实践中的第一个病毒杀虫剂,目前年产已达 200~400t。其杀虫过程一般为:病毒粒→侵入宿主的中肠上皮细胞→进入体腔→吸附并进入血细胞、脂肪细胞、气管上皮细胞、真皮细胞、腺细胞和神经节细胞→大量增殖、重复感染→宿主生理功能紊乱→组织破坏→死亡。

(2)质型多角体病毒(CPV)

这是一类在昆虫细胞质内增殖的可形成蛋白质包涵体的球状病毒,如家蚕、马尾松松毛虫、茶毛虫、棉铃虫、舞毒蛾、小地老虎和黄地老虎等昆虫,都有相应的质型多角体病毒。CPV多角体的大小为 $0.5～10\mu m$,形态不一。一般在 pH 大于 1.5 时即发生溶解。CPV 的病毒粒呈球状,为二十面体,直径 48～69nm,无脂蛋白包膜存在,有双层蛋白质构成的衣壳,其核心有转录酶活性,在其 12 个顶角上各有 1 个突起;病毒粒的相对分子质量为 $0.65\times10^8～2.00\times10^8$;核酸为线型 dsDNA,由 10～12 个片段构成,占病毒总量的 14%～22%。

CPV 先通过昆虫的口腔进入消化道,在碱性胃液作用下,多角体蛋白溶解,释放出病毒粒,它们侵入中肠上皮细胞,在细胞核内合成 RNA,然后经核膜进入细胞质,并与这里合成的蛋白质一起装配成完整病毒粒,最后再包埋入多角体蛋白中。

(3)颗粒体病毒(GV)

一类具有蛋白质包涵体且每个包涵体内通常仅含一个病毒粒的昆虫杆状病毒。颗粒体长 200～500nm,宽 100～350nm,形态多为椭圆形。病毒核酸为 dsDNA。菜青虫、小菜蛾、茶小卷叶蛾、赤松松毛虫、稻纵卷叶螟和大菜粉蝶等均易受颗粒体病毒侵染。幼虫被感染后,会出现食欲减退、体弱无力、行动减缓、腹部肿胀变色,随即发生表皮破裂及流出腥臭、混浊、乳白色脓等症状而死亡。

第二节　亚病毒

一、类病毒

类病毒是一类只含 RNA 成分、专性寄生在活细胞内的,目前只在植物中发现。其所含核酸为裸露的环状 ssRNA,但形成的二级结构却像一段末端封闭的短 dsRNA 分子,通常由 246～375 个核苷酸分子组成,相对分子质量很小(1200～50 000),还不足以编码一个蛋白质分子。

类病毒自 20 世纪 70 年代在马铃薯纺锤形块茎病中被发现以来,已在许多植物病害中出现踪迹,如番茄簇顶病、柑橘裂皮病、菊花矮化病、黄瓜白果病、椰子死亡病和酒花矮化病等,并使它们减产。

典型的类病毒是 PSTD 类病毒(PSTV),它是由 T. O. Diener 于 1971 年发现的。PSTV 呈棒形,是一个裸露的闭合环状 ssRNA 分子,其相对分子质量为 1.2×10^5。整个环由两个互补的半体组成,其一含 179 个核苷酸,另一含 180 个核苷酸,两者间有 70% 的碱基以氢键方式结合,共形成 122 个碱基对,整个结构中形成了 27 个内环。

类病毒的发现是生命科学中的一个重大事件,因为它可为生物学家探索生命起源提供一个新的低层次上的好对象,可为分子生物学家研究功能生物大分子提供一个绝好的材料,可为病理学家揭开人类和动、植物各种传染性疑难杂症的病因带来一个新的视角,也可为哲学家对生命本质问题的认识提供一个新的革命性的例证。

二、拟病毒

拟病毒又称类病毒、壳内类病毒或病毒卫星，是指一个类包裹在真病毒粒中的有缺陷的类病毒。拟病毒极其微小，一般仅由裸露的 RNA（300～400 个核苷酸）或 DNA 所组成。被拟病毒"寄生"的真病毒又称辅助病毒，拟病毒则成了它的"卫星"。拟病毒的复制必须依赖辅助病毒的协助。同时，拟病毒也可干扰辅助病毒的复制和减轻其对宿主的侵害，因此，可研究将它们用于生物防治中。

拟病毒首次在绒毛烟的斑驳病毒（VTMoV）中被分离到（1981 年）。VTMoV 是一种直径为 30nm 的二十面体病毒，在其核心中除含有大分子线状 ssRNA（RNA-1）外，还含有环状 ssRNA（RNA-2）及其线状形式（RNA-3），后两者即为拟病毒。试验表明，只有当 RNA-1（辅助病毒）与 RNA-2 或 RNA-3（拟病毒）合在一起时才能感染宿主。

目前已在许多植物病毒中发现了拟病毒，如苜蓿暂时性条斑病毒（LTSV）、莨菪斑驳病毒（SNMV）和地三叶草斑驳病毒（SCMoV）等。近年来，在动物病毒中也发现了拟病毒，如所谓的丁型肝炎病毒，其实就是一种拟病毒（含 ssRNA），它的辅助病毒是乙型肝炎病毒（HBV）。

三、朊病毒

朊病毒又称"普利昂"或蛋白侵染子，因能引起宿主体内现成的同类蛋白质分子发生与其相似的构象变化，从而可使宿主致病。朊病毒由美国学者 S. B. Prusiner 于 1982 年研究羊瘙痒病时发现。由于其意义重大，故他于 1997 年获得了诺贝尔奖。由于朊病毒与以往任何病毒有完全不同的成分和致病机制，故它的发现是 20 世纪生命科学包括生物化学、病原学、病理学和医学中的一件大事。

至今已发现与哺乳动物脑部相关的 10 余种疾病都是由病毒所引起，诸如羊瘙痒病（病原体为羊瘙痒病朊病毒蛋白，即 PrP^{Sc}），牛海绵状脑病（病原体为 PrP^{BSE}），以及人的克雅氏病、库鲁病和 G-S 综合征等。这类疾病的共同特征是潜伏期长，对中枢神经的功能有严重影响。近年来，在酵母属等真核微生物细胞中，也找到了朊病毒的踪迹。

朊病毒是一类小型蛋白质颗粒，约由 250 个氨基酸组成，大小仅为最小病毒的 1%，例如，PrP^{Sc} 的相对分子质量仅为 $3.3\times10^4\sim3.5\times10^4$。据报道，其毒性很强，1g 含朊病毒的鼠脑可感染 1 亿只小鼠。它与真病毒的主要区别为：a. 呈淀粉样颗粒状；b. 无免疫原性；c. 无核酸成分；d. 由宿主细胞内的基因编码；e. 抗逆性强，能耐杀菌剂（甲醛）和高温（经 12～130℃处理 4h 后仍具感染性）。

初步研究表明，病毒侵入人体大脑的过程为：借食物进入消化道，再经淋巴系统侵入大脑。由此可以说明为何患者的扁桃体中总能找到朊病毒颗粒。

目前已知，朊病毒的发病机制都是因存在于宿主细胞内的一些正常形式的细胞朊蛋白（PrP^c）发生折叠错误后变成了致病朊蛋白（PrP^{Sc}）而引起的。转译后的 PrP^c 受 PrP^{Sc} 的作用而发生相应的构象变化，从而转变成大量的 PrP^{Sc}。所以 PrP^c 和 PrP^{Sc} 均来源于宿主中同一编码基因，并具有相同的氨基酸序列，所不同的只是其间三维结构相差甚远。不同种类或株、系的病毒，其一级结构和三维结构是不同的，这种差异是造成朊病毒病传播中宿主种

属特异性和病毒株、系特异性的原因。

第三节 病毒与实践

病毒与人类实践的关系极为密切。一方面，由它们引起的宿主病害可对人类健康及畜牧业、栽培业和发酵工业带来不利的影响；另一方面，可利用它们进行生物防治。此外，还可利用病毒进行疫苗生产和作为遗传工程中的外源基因载体，直接或间接地为人类创造出巨大的经济效益、社会效益和生态效益。

一、噬菌体与发酵工业

噬菌体对发酵工业的危害很大。大罐液体发酵受噬菌体严重污染时，轻则引起发酵周期延长、发酵液变清和发酵产物难以形成等事故，重则造成倒罐、停产甚至危及工厂命运。这种情况在谷氨酸发酵、细菌淀粉酶或蛋白酶发酵、丙酮丁醇发酵以及若干抗生素发酵中司空见惯。

要防止噬菌体的污染，必须确立防重于治的观念。例如，绝不使用可疑菌种，严格保持环境卫生，绝不任意丢弃和排放含有生产菌种的菌液，注意通气质量（选用30～40m高空的空气再经严格过滤），加强发酵罐和管道灭菌，不断筛选抗噬菌体菌种，经常轮换生产菌种，以及严格会客制度等。

二、昆虫病毒与生物防治

在动物界中，昆虫是种类最多、数量最大、分布最广和与人类关系极其密切的一个大群。其中一部分对人类有益，而大部分则对人类有害。长期以来，人类在与害虫作斗争的过程中，曾创造过物理治虫、化学治虫、绝育治虫、性激素引诱治虫和生物治虫（包括动物治虫、细菌治虫、真菌治虫和病毒治虫）等手段，其中利用病毒制剂进行生物治虫由于具有资源丰富（已发现的病毒近2000种）、致病力强和专一性强等优点，故发展势头很旺，前景诱人。然而，在现阶段由于其杀虫速度慢、不易大规模生产、在野外易失活和杀虫范围窄等缺点，还难以普遍推广。目前正在利用遗传工程等高科技手段对其进行改造之中。

巩固练习

1. 名词解释

真病毒，亚病毒，裂性噬菌体，溶源性，溶源菌，温和噬菌体，类病毒，拟病毒，朊病毒。

2. 问答题

(1) 病毒的一般大小如何？试图示病毒的典型构造。

(2) 病毒粒有哪几种对称形式？每种对称又有几类特殊外形？试各举一例。

(3) 简述烈性噬菌体裂解性生活史。

第五章 微生物遗传变异

○ 项目描述：

由于微生物具有独特的生物学特性，其在现代遗传学、分子生物学等研究领域中成了研究者广泛选用的模式生物。对微生物遗传规律的深入研究，不仅促进了遗传学向分子水平的发展，还促进了生物化学、分子生物学和生物工程学的飞速发展；微生物的遗传规律不但与生产实践联系紧密，而且还为微生物和其他生物的育种工作提供了丰富的理论基础，同时也使得育种工作朝着多个方向不断发展。

○ 知识目标：

1. 掌握遗传型、表型、变异和饰变的概念。
2. 掌握生物的遗传物质基础，说明其在细胞中存在的部位和方式。
3. 熟悉原核生物质粒的定义和特点。
4. 了解原核生物质粒在基因工程中的应用、分离与鉴定方法和几种典型质粒。
5. 掌握基因突变、野生型菌株、突变株和突变率的概念。
6. 熟练掌握突变株的6类表型。
7. 熟悉基因突变的特点。
8. 掌握基因突变的机制。
9. 掌握基因重组的概念。
10. 熟练掌握原核生物基因重组的方式。
11. 掌握真核微生物基因重组的方式。
12. 掌握大肠埃希氏菌的4种不同接合型菌株。
13. 掌握原生质体融合操作程序。
14. 掌握基因工程的概念。
15. 熟练掌握基因工程的基本操作程序。
16. 了解基因工程在生活中的应用。

○ 能力目标：

1. 能够正确区分遗传型与表型、变异与饰变。
2. 能够阐述微生物遗传物质存在的7个水平。
3. 能够准确阐述质粒与核基因组的关系，正确区分严密型复制控制与松弛型复制控制。
4. 能够举例说明质粒在基因工程操作中的优点，简单解释聚丙烯凝胶电泳分离质粒的原理和过程。

5. 能够准确阐述基因突变、野生型菌株、突变株和突变率的含义。

6. 能够正确区分营养缺陷型、抗性突变型、条件致死突变型、形态突变型、抗原突变型和产量突变型。

7. 能够准确阐述基因突变的自发性、不对应性、稀有性、独立性、可诱变性、稳定性和可逆性,图示并简介变量试验、涂布试验和影印平板培养法。

8. 能够举例说明诱发突变和自发突变。

9. 能够准确阐述基因重组的概念,正确区分基因重组与基因突变。

10. 能够正确区分并举例说明转化、转导、接合和原生质体融合等原核生物基因重组的方式。

11. 能够正确区分并举例说明有性杂交和准性杂交等真核微生物基因重组的方式。

12. 能够正确区分 F^+、F^-、F' 和 Hfr 菌株,解释它们产生的原因。

13. 能够完成原生质体融合基本操作。

14. 能够准确阐述基因工程的含义和微生物在基因工程中的重要地位。

15. 能够准确阐述目的基因取得、优良载体选择、目的基因与载体 DNA 体外重组和重组载体导入受体细胞等基因工程技术要点。

16. 能够举例说明基因工程在多肽类药物、疫苗生产,传统工业发酵菌种改造,以及动、植物特性改良和环境保护等方面的应用。

第一节　遗传变异物质基础

一、遗传变异的几个基本概念

遗传和变异是一切生物体最本质的属性之一。所谓遗传,是指上一代生物如何将自身的一整套遗传基因稳定地传递给下一代的行为或功能,它具有极其稳定(保守)的特性。在学习遗传、变异相关内容前,先应搞清楚以下4个基本概念。

(1)遗传型

遗传型又称基因型,指某一生物个体所含有的全部遗传因子即基因组所携带的遗传信息。遗传型是一种内在的可能性或潜力,其实质是遗传物质上所负载的特定遗传信息。具有某遗传型的生物,只有在适当的环境条件下,通过其自身的代谢和发育,才能将它付诸实现,即产生自己的表型。

(2)表型

表型指某一生物所具有的一切外表特征和内在特性的总和,是其遗传型在合适环境条件下通过代谢和发育而得到的具体体现。所以,它与遗传型不同,是一种现实性(具体性状)。

(3)变异

变异指生物体在某种外因或内因的作用下所引起的遗传物质结构或数量的改变,亦即遗传型的改变。其特点是在群体中只以极低的概率(一般为 $1\times10^{-10} \sim 1\times10^{-5}$)出现,性状变化幅度大,且变化后的新性状是稳定的、可遗传的。

(4) 饰变

顾名思义,饰变是指外表的修饰性改变,即一种不涉及遗传物质结构改变而只发生在转录、转译水平上的表型变化。其特点是:整个群体中的几乎每一个体都发生同样变化;性状变化的幅度小;因其遗传物质未改变,故饰变是不遗传的。例如,黏质沙雷氏菌在25℃下培养时,会产生深红色的灵杆菌素,它把菌落染成鲜血状(宗教中曾认为是"神显灵",故该菌旧称神灵色杆菌或灵杆菌)。但是,当培养在37℃下时,此菌群体中的一切个体都不产色素。如果重新降温至25℃,所有个体又可重新恢复产色素能力。所以,饰变是与变异有着本质区别的另一种现象。上述的黏质沙雷氏菌产色素能力也会因发生突变而消失,但概率极低(1×10^{-4}),且这种消失是不可恢复的。

微生物由于其一系列极其独特的生物学特性,因而在现代遗传学、分子生物学和其他许多重要生物学基础研究中,成了学者最热衷选用的模式生物。这些独特生物学特征如:物种与代谢类型的多样性;个体的体制极其简单;营养体一般都是单倍体;易于在成分简单的组合培养基上大量生长繁殖;繁殖速度快;易于积累不同的中间代谢物或终产物;菌落形态的可见性与多样性;环境条件对微生物群体中各个体作用的直接性和均一性;易于形成营养缺陷型突变株;各种微生物一般都有其相应的病毒;存在多种处于进化过程中、富有特色的原始有性生殖方式等。

对微生物遗传规律的深入研究,不仅促进了遗传学向分子水平的发展,还促进了生物化学、分子生物学和生物工程学的飞速发展;由于它密切联系生产实践,故还为微生物和其他生物的育种工作提供了丰富的理论基础,促使育种工作从自发向着自觉、从低效转向高效、从随机转为定向、从近缘杂交朝着远缘杂交等方向发展。

生物的遗传变异有无物质基础以及何种物质可执行遗传变异功能的问题,是生命科学中的一个重大的基础理论问题。围绕这一问题,曾有过种种推测、争论甚至长期惊心动魄的斗争。在19世纪末,德国学者A. Weismann认为生物体的物质可分体质与种质两个部分,首次提出种质(遗传物质)具有稳定性和连续性,还认为种质是一种有特定分子结构的化合物。到了20世纪初,T. H. Morgan提出了基因学说,进一步把搜索遗传物质的范围缩小到染色体上。通过化学分析,又进一步发现染色体是由核酸和蛋白质这两种长链状高分子组成的。由于其中的蛋白质可由千百个氨基酸单位组成,而氨基酸种类通常又达20种,经过它们的不同排列组合,可演变出的不同蛋白质数目几乎可达到一个天文数字。相反,核酸的组成却相形见绌,一般仅由4种不同的核苷酸组成,它们通过排列与组合能产生较少种类的核酸。为此,当时学术界普遍认为,决定生物遗传型的染色体和基因活性成分非蛋白质莫属。直到1944年后,由于连续利用微生物这类十分有利的生物对象遂以确凿的事实证明了核酸尤其是DNA才是一切生物遗传变异的真正物质基础。

二、遗传物质在微生物细胞内存在的部位和方式

拟从7个水平来阐述遗传物质在微生物细胞中存在的部位和方式,并对其中近年来备受重视的原核生物的质粒进行介绍。

1. 7个水平

（1）细胞水平

在细胞水平上，真核微生物和原核生物的大部分DNA都集中在细胞核或核区（核质体）中，在不同种微生物或同种微生物的不同细胞中，细胞核或核区的数目常有所不同。例如，酿酒酵母、黑曲霉、构巢曲霉和产黄青霉等真菌一般是单核的，另一些如粗糙脉孢菌和米曲霉是多核的；藻状菌类（真菌）和放线菌类的菌丝细胞是多核的，而其孢子则是单核的；在细菌中，杆菌细胞内大多存在两个核区，而球菌一般仅一个核区。

（2）细胞核水平

真核微生物的细胞核是有核膜包裹、形态固定的真核，核内的DNA与组蛋白结合在一起形成一种在光学显微镜下能见的核染色体；原核生物只有原始的无核膜包裹的呈松散状态存在的核区，其中的DNA呈环状双链结构，不与任何蛋白质相结合。不论真核微生物的细胞核或原核生物细胞的核区，都是该微生物遗传信息的最主要分布区，其内的遗传信息被称为核基因组、核染色体组或简称基因组。

除核基因组外，在真核微生物和原核生物的细胞质中（仅酵母菌$2\mu m$质粒例外地在核内），多数还存在着一类DNA含量少、能自主复制的核外染色体。例如，在真核细胞中就有：细胞质基因，包括线粒体和叶绿体基因等；共生生物，如草履虫"放毒者"品系中的卡巴颗粒，它是一类属于杀于杆菌属的共生细菌；$2\mu m$质粒，又称$2\mu m$环状体，存在丁酿酒酵母的细胞核中，但不与核基因组整合，长6300bp，每个酵母细胞核中约含30个$2\mu m$质粒。在原核细胞中，其核外染色体通称为质粒，种类很多。

（3）染色体水平

①染色体数 不同生物的染色体数差别很大，人类染色体数为23，基因组大小为$3\times10^9 bp$；酿酒酵母染色体数为16~17，基因组大小为$13\times10^6 bp$；大肠杆菌染色体数为1，基因组大小为$4.6\times10^6 bp$；枯草芽孢杆菌染色体数为1，基因组大小为$4.2\times10^6 bp$；结核分枝杆菌染色体数为1，基因组大小为$4.4\times10^6 bp$；幽门螺杆菌染色体数为1，基因组大小为$1.64\times10^6 bp$。

②染色体倍数 指同一细胞中相同染色体的套数。如果一个细胞中只有一套染色体，就称单倍体。在自然界中存在的微生物多数都是单倍体，而高等动、植物只有其生殖细胞才是单倍体；如果一个细胞中含有两套功能相同的染色体，就称双倍体，只有少数微生物如酿酒酵母的营养细胞以及由两个单倍体性细胞通过接合形成的合子等少数细胞才是双倍体。在原核生物中，通过转化、转导或接合等过程而获得外源染色体片段时，只能形成一种不稳定的、称作部分双倍体的细胞。

（4）核酸水平

绝大多数生物的遗传物质是DNA。只有部分病毒，包括多数植物病毒和少数噬菌体等的遗传物质才是RNA。在真核微生物中，DNA总是与缠绕的组蛋白同时存在的，而原核生物的DNA却是单独存在的。

(5) 基因水平

基因是生物体内一切具有自主复制能力的最小遗传功能单位,其物质基础是一条以直线排列、具有特定核苷酸序列的核酸片段。由众多基因构成了染色体。每个基因大小在 1000~1500bp 的范围,相对分子质量约为 $6.7×10^5$。有关基因的概念和种类是遗传学中内容最丰富、发展最迅速的一个热点。从基因的功能上来看,原核生物的基因是通过基因调控系统而发挥其作用的。

原核生物的基因调控系统是由一个操纵子和它的调节基因所组成的,每一操纵子又包括 3 种功能上密切相关的基因——结构基因、操纵基因和启动基因(又称启动子或启动区)。结构基因是决定某一多肽链结构的 DNA 模板,它是通过转录和转译过程来执行多肽链合成任务的。操纵基因是位于启动基因和结构基因之间的一段核苷酸序列,它与结构基因紧密连锁在一起,能通过与阻遏物(即阻遏蛋白)的结合与否,控制结构基因是否转录。启动基因是一种依赖于 DNA 的 RNA 聚合酶所识别的核苷酸序列,它既是 DNA 聚合酶的结合部位,又是转录的起始位点。所以,操纵基因和启动基因既不能转录出 mRNA,也不能产生任何基因产物。调节基因一般处于与操纵子有一定间隔(通常小于 100 个碱基)处,它是能调控操纵子中结构基因的基因。调节基因能转录出自己的 mRNA,并经转译产生阻遏物,后者能识别并附着在操纵基因上。由于阻遏物和操纵基因的相互作用可使 DNA 双链无法分开,阻挡了 RNA 聚合酶沿着结构基因移动,从而关闭了它的活动。

真核微生物的基因与原核生物的基因有许多不同之处,最明显的是它们一般无操纵子结构,存在着大量不编码序列和重复序列,转录区域与转译区域在细胞中有空间分隔,以及基因被许多无编码功能的内含子阻隔,从而使编码序列变成不连续的外显子状态。

在专业书刊中,基因及其表达产物(蛋白质)的名称一般都应按规范化的符号来表,例如:a. 基因名称,一般都用 3 个小写英文字母表示,且应排成斜体(书写时可在其下划底线);若同一基因有不同位点,可在基因符号后加一正体大写字母或数字,如 *lacZ* 等;抗性基因,一般用大写"R"注在基因符号的右上角,如抗链霉素的基因为"str^R"。b. 基因表达产物——蛋白质的名称,一般用 3 个大写英文字母(或 1 个大写、2 个小写)表示,并须用正体字。

(6) 密码子水平

遗传密码是指 DNA 链上决定各具体氨基酸的特定核苷酸排列顺序。遗传密码的信息单位是密码子,每一密码子由 3 个核苷酸序列即 1 个三联体所组成。密码子一般都用 mRNA 上 3 个连续核苷酸序列来表示。

(7) 核苷酸水平

前述的是遗传的功能单位(基因)和信息单位(密码子),这里提出的核苷酸单位(碱基单位)则是一个最低突变单位或交换单位。在绝大多数生物的 DNA 组分中,都只含腺苷酸(AMP)、胸苷酸(TMP)、鸟苷酸(GMP)和胞苷酸(CMP) 4 种脱氧核苷酸。只有少数例外。例如,在大肠埃希氏菌的 T 偶数噬菌体 DNA 中,就有少量稀有碱基——5-羟甲基胞嘧啶。

这里提供几个有用的数据:a. 每个碱基对(bp)的平均相对分子质量约为 650;b. 相对分子质量为 $1×10^6$ 的 dsDNA 约为 1.5kb(千碱基对)或 0.5μm(长度);c. 3nmol 碱基的重

量约等于 1μg。

从碱基对的数目来看，多数细菌的基因组为 1~9Mb（百万碱基对，兆碱基对）。例如，已公布基因组序列的最小原核生物生殖道支原体是 0.58Mb，最大的 *Pseudomonas aeruginosa* 为 6.30Mb；最大的病毒即痘苗病毒的基因组大小仅 190kb，而 λ 噬菌体为 48kb。

2. 原核生物的质粒

(1) 定义和特点

凡游离于原核生物核基因组以外，具有独立复制能力的小型共价闭合环状的 dsDNA 分子，即 cccDNA(cireular covelently closed DNA)，就是典型的质粒。1984 年后，在天蓝色链霉菌及赫氏蜱疏螺旋体等原核生物中，又相继发现线形质粒。质粒具有麻花状的超螺旋结构，大小一般为 1.5~300kb，相对分子质量为 $1\times10^6 \sim 1\times10^8$，因此，仅相当约 1% 核基因组的大小。质粒上携带某些核基因组上所缺少的基因，使细菌等原核生物获得了某些对其生存并非必不可少的特殊功能，如接合、产毒素、抗药、固氮、产特殊酶或降解环境毒物等功能。质粒是一种独立存在于细胞内的复制子，如果其复制行为与核染色体的复制同步，称为严紧型复制控制，在这类细胞中，一般只含 1~2 个质粒；另一类质粒的复制与核染色体的复制不同步，称为松弛型复制控制，这类细胞一般可含 10~15 个甚至更多的质粒。少数质粒可在不同菌株间转移，如 F 因子或 R 因子等。含质粒的细胞在正常的培养基上受吖啶类染料、丝裂霉素 C、紫外线、利福平、重金属离子或高温等因子处理时，由于质粒的复制受抑制而核染色体的复制仍继续进行，从而引起子代细胞中不带质粒，此即质粒消除。某些质粒具有与核染色体发生整合与脱离的功能，如 F 因子，这类质粒又称附加体。这里所说的整合，是指质粒（或温和噬菌体、病毒、转化因子）等小型非核染色体DNA 插入核基因组等大型 DNA 分子中的现象。此外，质粒还有重组的功能，在质粒与质粒间、质粒与核染色体间可发生基因重组。

(2) 质粒在基因工程中的应用

质粒具有许多有利于基因工程操作的优点，例如：a. 体积小，便于 DNA 的分离和操作；b. 呈环状，使其在化学分离过程中能保持性状稳定；c. 有不受核基因组控制的独立复制起始点；d. 拷贝数多，使外源 DNA 可很快扩增；e. 存在抗药性基因等选择性标记，便于含质粒克隆的检出和选择。因此，质粒早已被广泛用于各种基因工程领域中，现今的许多克隆载体（指能完成外源 DNA 片段复制的 DNA 分子）都是用质粒改建的，如具有多拷贝、含抗性基因及限制性内切酶的单个酶切位点和强启动子等特性的载体等。

大肠埃希氏菌的 pBR322 质粒就是一个常用的克隆载体，其具体优点是：a. 体积小，仅 4361bp；b. 在宿主大肠埃希氏菌中稳定地维持高拷贝数（20~30 个/细胞）；c. 若用氯霉素抑制其宿主的蛋白质合成，则每个细胞可扩增到含 1000~3000 个质粒（约占核基因组的 40%）；d. 分离极其容易；e. 可插入较多的外源 DNA（不超过 10kb）；f. 结构完全清楚，各种核酸内切酶的酶解位点可任意选用；g. 有两个选择性抗药标记（氨苄青霉素和四环素）；h. 可方便地通过转化作用导入宿主细胞。

(3) 质粒的分离与鉴定

质粒的分离一般可包括细胞的裂解、蛋白质和 RNA 的去除以及设法使质粒 DNA 与染色体 DNA 相分离等步骤,其中最后一步尤为关键。经分离后的质粒,可用电镜、琼脂糖或聚丙烯酰胺凝胶电泳来鉴定。若同种质粒的构象稍有不同,则其电泳迁移速度也不同,因而可分离它们。如用已知相对分子质量的 DNA 片段与待测相对分子质量的 DNA 片段的电泳迁移率作比较,就可得知后者的相对分子质量。质粒 DNA 经限制性内切核酸酶水解后,根据凝胶电泳谱上显示的区带数目,就可推断酶切位点的数目和测出不同区带(片段)的大小,并据此画出该质粒的限制性酶切电泳图谱。当然,利用密度梯度离心法也可进行鉴定,但方法较复杂,故很少应用。

(4) 典型质粒简介

①F 质粒(F plasmid) 又称 F 因子、致育因子或性因子,是大肠埃希氏菌等细菌决定性别并有转移能力的质粒。大小仅 100kb,为 cccDNA,含有与质粒复制和转移有关的许多基因,其中有近 1/3(30kb) 是 *tra* 区(转移区,与质粒转移和性菌毛合成有关),另有 *ori*T (转移起始点)、*ori*S (复制起始点)、*inc* (不相容群)、*rep* (复制功能)、*phi* (噬菌体抑制)和一些转座因子,后者可整合到宿主核染色体上的一定部位,并导致各种 Hfr 菌株的产生。

除大肠埃希氏菌中存在 F 质粒外,在不少其他细菌中也可找到它,如假单胞菌属、嗜血杆菌属、奈瑟氏球菌属和链球菌属等。

②R 质粒(R pamsd) 又称 R 因子。1957 年,日本出现经抗生素治愈的痢疾病人中,可分离到同时对许多抗生素或化学治疗剂如链霉素、氯霉素、四环素和磺胺等(多达 8 种)呈抗药性的痢疾志贺氏菌。这种抗药菌株不仅能抗多种抗生素等药物,而且还能把抗药基因传递到其他肠道细菌中,如大肠埃希氏菌、克氏杆菌属、变形杆菌属、沙门氏菌属、志贺氏菌属等。

R 质粒的种类很多,如 R1(94kb) 和 R100(89.3kb) 等。一般是由两个相连的 DNA 片段组成,其一称抗性转移因子,它主要含调节 DNA 复制和拷贝数的基因以及转移基因,相对分子质量约 1.1×10^7,具有转移功能;其二为抗性决定子,大小不是很固定,相对分子质量从几百万至 1.0×10^8 以上,无转移功能,其上含各种抗性基因,如抗青霉素、氨苄青霉素、氯霉素、链霉素、卡那霉素和磺胺等基因。

R 质粒在细胞内的拷贝数可从 1~2 个至几十个,分属严紧型复制和松弛型复制控制。若是松弛型复制控制的 R 质粒,当经氯霉素处理后,拷贝数甚至可达 2000~3000 个。因为 R 质粒可引起致病菌对多种抗生素的抗性,故对传染病防治等医疗实践有极大的危害;相反,若把它用作菌种筛选时的选择性标记或改造成外源基因的克隆载体,则对人类有利。

③Col 质粒(colicin plasmid) 又称大肠杆菌素质粒或产大肠杆菌素因子。许多细菌都能产生抑制或杀死其他近缘细菌或同种不同菌株的代谢产物,因为该代谢产物是由质粒编码的蛋白质,且不像抗生素那样具有很广的杀菌谱,所以称为细菌素。细菌素种类很多,都按其产生菌来命名,如大肠杆菌素、枯草杆菌素等。大肠杆菌素是一类由大肠埃希氏菌某些菌株所产生的细菌素,具有通过抑制复制、转录、翻译或能量代谢等方式而专一地杀死它种肠道菌或同种其他菌株的能力,其相对分子质量一般为 $2.3 \times 10^4 \sim 9.0 \times 10^4$ bp,是由 Col 质粒编码。Col 质粒种类很多,主要分两类:其一以 Col EI 为代表,特点是相对分子质量小(9kb,约 5×10^6),无接合作用,是松弛型控制、多拷贝的;另一以 Col Ib 为代表,

特点是相对分子质量大(94kb,约8.0×10^7),它与F因子相似,具有通过接合而转移的功能,属严紧型复制控制,只有1~2个拷贝。凡带Col质粒的菌株,因质粒本身可编码一种免疫蛋白,故对大肠杆菌素有免疫作用,不受其伤害。Col EI 已被广泛用于重组DNA的研究和体外复制系统上。

④Ti质粒(tumor inducing plasmid) 即诱癌质粒或冠瘿质粒。根癌土壤杆菌或根癌农杆菌从一些双子叶植物的受伤根部侵入根部细胞后,在其中溶解,释放出Ti质粒,其上的T-DNA片段会与植物细胞的核基因组整合,合成正常植株所没有的冠瘿碱类,破坏控制细胞分裂的激素调节系统,从而使正常细胞转为癌细胞。据知,Ti质粒是一种200kb的环状质粒,包括毒性区(*vir*)、接合转移区(*con*)、复制起始区(*ori*)和T-DNA区4个部分。其中,*vir*区(30kb,分A~J等至少10个操纵子)和T-DNA区与冠瘿瘤生成有关。因T-DNA可携带任何外源基因整合到植物基因组中,所以它是当前植物基因工程中使用最广、效果最佳的克隆载体,全世界已获成功的约200种转基因植物中,约有80%是由Ti质粒介导的,除传统的双子叶植物外,还发展到用于裸子植物、单子叶植物和真菌的基因工程中。

⑤Ri质粒(root inducing plasmid) 发根土壤杆菌或发根农杆菌可侵染双子叶植物的根部并诱生大量称为毛状根的不定根。与Ti质粒相似,该菌侵入植物根部细胞后,会将大型Ri质粒(250kb)中的一段T-DNA整合到宿主根部细胞的核基因组中,使之发生转化,从而这段T-DNA就在宿主细胞中稳定地遗传下去。由Ri质粒转化的根部不形成瘤,仅生出可再生新植株的毛状根。若把毛状根作离体培养,还能合成次生代谢物。在实践上,Ri质粒已成为外源基因的良好载体,也可用于进行次生代谢产物的生产。

⑥mega质粒(mega plasmid) 即巨大质粒,存在于根瘤菌属中,其上有一系列与固氮相关的基因。因其相对分子质量比一般质粒大几十倍至几百倍(相对分子质量为2.0×10^8~3.0×10^8),故而得名。

⑦降解性质粒 只在假单胞菌属中发现。这类质粒可编码能降解一系列复杂有机物的酶,从而使这类细菌在污水处理、环境保护等方面发挥特有的作用。这些质粒一般按其降解底物命名,如CAM(樟脑)质粒、OCT(辛烷)质粒、XYL(二甲苯)质粒、SAL(水杨酸)质粒、MDL(扁桃酸)质粒、NAP(萘)质粒和TOL(甲苯)质粒等。曾有人通过遗传工程手段构建具有数种降解质粒的菌株,这种具有广谱降解能力的工程菌被称为"超级菌"。

第二节 基因突变

基因突变简称突变,是变异的一类,泛指细胞内(或病毒粒内)遗传物质的分子结构或数量突然发生的可遗传的变化。突变可自发或诱导产生。狭义的突变专指基因突变(点突变),而广义的突变则包括基因突变和染色体畸变。突变的概率一般很低(1×10^{-9}~1×10^{-6})。从自然界分离到的菌株一般称野生型菌株,简称野生型。野生型经突变后形成的带有新性状的菌株,称突变株(或突变体、突变型)。

一、突变类型

突变的类型有很多,不同突变类型的菌株可以通过选择性培养基进行选出和鉴别。可以用选择性培养基(或其他选择性培养条件)快速选择出来的突变株称为选择性突变株,用选择性培养基(或其他选择性培养条件)不能选择出来的突变株称为非选择性突变株。下面对突变的6种类型做概述。

1. 营养缺陷型

某一野生型菌株因发生基因突变而丧失合成一种或几种生长因子、碱基或氨基酸的能力,因而无法再在基本培养基上正常生长繁殖的变异类型,称为营养缺陷型。它们可在加有相应营养物质的基本培养基平板上被选出。营养缺陷型突变株在遗传学、分子生物学研究及遗传工程和育种等工作中十分有用。

2. 抗性突变型

抗性突变型指野生型菌株因发生基因突变而产生的对某化学药物或致死物理因子的抗性变异类型。它们可在加有相应药物或用相应物理因子处理的培养基平板上选出。抗性突变型普遍存在,如对一些抗生素具抗药性的菌株等。抗性突变型菌株在分子生物学、遗传育种和遗传工程等研究中极其重要。

3. 条件致死突变型

某菌株或病毒经基因突变后,在某种条件下可正常地生长、繁殖并呈现其固有的表型,而在另一种条件下却无法生长、繁殖,这种突变类型称为条件致死突变型。

Ts突变株(即温度敏感突变株)是一类典型的条件致死突变株。例如,大肠埃希氏菌的某些菌株可在37℃下正常生长,却不能在42℃下生长;又如,某些T4噬菌体突变株在25℃下可感染其宿主大肠埃希氏菌,而至37℃时却不能感染等。引起Ts突变的原因是突变使某些重要蛋白质的结构和功能发生改变,以致会在某特定温度下具有功能,而在另一温度(一般为较高温度)下则无功能。

4. 形态突变型

形态突变指由突变引起的个体或菌落形态的变异,一般属非选择性突变。例如,细菌的鞭毛或荚膜的有无,霉菌或放线菌的孢子有无或颜色变化,菌落表面的光滑、粗糙以及噬菌斑的大小或清晰度等的变化。

5. 抗原突变型

抗原突变型指由于基因突变引起的细胞抗原结构发生改变的变异类型,包括细胞壁缺陷变异(L型细菌等)、荚膜或鞭毛成分变异等,一般也属非选择性突变。

6. 产量突变型

通过基因突变而产生的在代谢产物产量上明显有别于原始菌株的突变株,称产量突变型。产量显著高于原始菌株者,称正变株,反之则称负变株。筛选高产正变株的工作对生产实践极其重要,但由于产量高低是由多个基因决定的,因此在育种实践上,只有把诱变育种与重组育种和遗传工程育种很好地结合起来，才能取得更好的效果。

二、突变率

某一细胞(或病毒粒)在每一世代中发生某一性状突变的概率，称突变率。例如，突变率为 1×10^{-8}，即表示该细胞在 1 亿次分裂过程中，会发生 1 次突变。为方便起见，突变率可用某一单位群体在每一世代(即分裂 1 次)中产生突变株的数目来表示。例如，1 个含 1×10^{8} 个细胞的群体，当其分裂成 2×10^{8} 个细胞时可平均发生 1 次突变的突变率，也是 1×10^{-8}。

某一基因的突变一般是独立发生的，它的突变率不影响其他基因的突变率。这表明，要在同一细胞中同时发生两个或两个以上基因突变的概率是极低的，因为双重或多重基因突变的概率是各个基因突变概率的乘积，例如，某 2 个基因的突变率均为 1×10^{-8}，则双重突变的概率为 1×10^{-16}。

由于突变率如此低，因此要测定某基因的突变率或在其中筛选出突变株就像大海捞针似的困难。所幸的是，已可成功地利用上述检出选择性突变株的手段，尤其可采用检出营养缺陷型的回复突变株或抗药性突变株的方法来方便地达到目的。

三、基因突变的自发性和不对应性

整个生物界，因其遗传物质的本质都是核酸，故显示在遗传变异特性上都遵循着共同的规律，这在基因突变的水平上尤为明显。基因突变一般有以下 7 个共同特点：a. 自发性，指可自发地产生突变；b. 不对应性，指突变性状(如抗青霉素)与引起突变的原因间无直接对应关系；c. 稀有性，通常自发突变的概率在 $1\times10^{-9}\sim1\times10^{-6}$；d. 独立性，某基因的突变率不受它种基因突变率的影响；e. 可诱变性，自发突变的频率可因诱变剂的影响而大为提高(提高 10~100 000 倍)；f. 稳定性，基因突变后的新遗传性状是稳定的；g. 可逆性，野生型菌株某一性状可发生正向突变，也可发生相反的回复突变。

在各种基因突变中，以抗性突变最为常见和易于识别。对这种抗性产生的原因在过去较长一段历史时期中，曾产生过十分激烈的争论甚至极其尖锐的斗争。一种观点认为，突变是通过生物对某特定环境(如化学药物、抗生素和高温等)的适应而产生的，这种环境正是突变的诱因，所产生的抗性性状是与该环境因素相对应的，并认为这就是环境因素对生物体的"驯化""驯养"或"定向变异"，这一看法很易被常人接受；另一观点则与此相反，认为抗性突变是可以自发产生的，即使诱发产生，其产生的性状与诱变因素间也是不对应的，即最终适应的化学药物等不良因素并非诱变因素，而仅仅是一种用于筛选的环境而已。由于在变异现象背后存在着自发突变、诱发突变或诱发因素和选择条件等多因素的错综复杂关系，所以只用通常的思维就难以探究问题的真谛。从 1943 年起，几个学者通过创新思维陆续设计几个严密而巧妙的试验，主要攻克了如何检出在接触抗性因子前就已产生自发突变的菌株的难题，终于在坚实的科学基础上解决了这场纷争。由于目前的初学者还常易被"驯养论"所蒙蔽，故有必要在这里介绍具有历史意义并对培养创新思维有现实意义的这 3 个著名试验。

1. Luria 等的变量试验

1943 年，S. E. Luria 和 M. Delbruck 根据统计学的原理，设计了一个变量试验(又称波动试验或彷徨试验)。该试验的要点是：取对噬菌体 T1 敏感的大肠埃希氏菌指数期的肉汤培养液，用新鲜培养液稀释成浓度为 $1×10^3$ 个/mL 的细菌悬液，然后在甲、乙两试管各装 10mL。紧接着把甲试管中的菌液先分装在 50 支小试管中(每管 0.2mL)，保温 24~36h 后，把各小管的菌液分别倒在 50 个预先涂满大肠埃希氏菌噬菌体 T1 的平板上，经培养后分别计算各皿上的抗菌体的菌落数；乙试管中的 10mL 菌液不经分装先整管保温 24~36h，然后分成 50 份分别倒在同样涂满 T1 的平板上，经同样培养后，也分别计算各皿上的抗噬菌体的菌落数。结果发现，在来自甲试管的 50 皿中，各皿出现的抗性菌落数相差极大，而来自乙试管的各皿上则抗性菌落数基本相同。这说明，大肠埃希氏菌抗噬菌体性状的产生，并非由所抗的环境因素(即噬菌体 T1)诱导出来的，而是在它接触 T1 前，在某次细胞分裂过程中自发产生的。这一自发突变发生得越早，抗性菌落出现得就越多，反之则越少。噬菌体 T1 在这里仅起着淘汰原始的未突变菌株和甄别抗噬菌体突变型的作用，而决非"驯养者"的作用。利用这一方法还可计算出突变率。

2. Newcombe 的涂布试验

1949 年，H. B. Newcombe 在 *Nature* 杂志上发表了与上述变量试验属同一观点但试验方法更为简便的涂布试验结果。他选用了简便的固体平板涂布法：先在 12 个固体培养基平板上各涂以数目相等($5×10^4$ 个)的对 T1 噬菌体敏感的大肠埃希氏菌细胞，经 5h 培养，约繁殖了 12.3 代后，平板上长出大量的微菌落(约 5100 个细胞/菌落)，取其中 6 皿直接喷上 T1 噬菌体，另 6 皿则先用灭菌后的玻璃棒把平板上的微菌落重新均匀涂一遍，然后同样喷上 T1 噬菌体。经培养过夜后，计算这两组平板上形成的抗 T1 噬菌体的菌落数。结果发现，在涂布过的一组中，共长出抗 T1 噬菌体的菌落 353 个，要比未经涂布的一组(仅 28 个菌落)高得多，这也充分证明这一抗性突变的确发生在与 T1 噬菌体接触之前。噬菌体的加入只起到甄别这类自发突变是否发生的作用，而绝不是诱发相应突变的原因。

根据上述试验结果，还能计算出大肠埃希氏菌抗 T1 噬菌体突变的突变率：当喷上噬菌体时，每一平板上平均约有 $2.6×10^8$ 个细胞，在 6 个平板上，比接种时增加的细胞总数是 $6×(2.6×10^8-5.1×10^4)=15.6×10^8$。由于在未涂布的平板上共发现 28 个突变菌落，因此突变率应是 $28/15.6×10^{-8}=1.8×10^{-8}$。这与上述 S. E. Luria 等变量试验所测得的突变率($2×10^{-8}$~$3×10^{-8}$)一致。

3. Lederberg 等的影印平板培养法

1952 年，J. Lederberg 夫妇发表了一篇著名论文《影印平板培养法和细菌突变株的直接选择》，它以确切的事实进一步证明了微生物的抗药性突变是在接触药物前自发产生的，且这一突变与相应的药物无关。影印平板培养法是一种通过盖印章的方式，达到在一系列培养皿平板的相同位置上出现相同遗传型菌落的接种和培养的方法。Lederberg 实验的基本过程是：把长有数百个菌落的大肠埃希氏菌母种培养皿倒置于包有一层灭菌丝绒布的木质圆柱体(直径应略小于培养皿平板)上，使其上均匀地沾满来自母培养皿平板的菌落，然后通过这一"印章"把母培养皿上的菌落对应地一一接种到不同的选择性培养基平板上，经培养后，对各平板相同位置上的菌落进行对比，就可选出适当的突变型菌棒。此法可把母平板上10%~20%数量的细菌转移到丝绒布上,并可利用这一"印章"连续接种8个子培养皿。因此,通过影印接种法,就可从非选择性条件下生长的微生物群体中,分离到过去只有在选择性条件下才能分离到的相应突变株。

影印平板培养法不仅在遗传学基础理论的研究中发挥了重要作用,而且在育种实践和其他研究中也具有重要的应用。此外,这些著名学者在试验设计和方法创新方面,对培养青年学生的创新思维和科学精神等也有很好的借鉴意义。

四、基因突变的机制

基因突变的机制是多样性的,可以是自发的或诱发的,诱发的又可分仅影响一对碱基的点突变和影响一段染色体的畸变。

1. 诱发突变

诱发突变简称诱变,是指通过人为的方法,利用物理、化学或生物因素显著提高基因自突变频率的手段。凡具有诱变效应的因素,都称诱变剂。

(1) 碱基置换

碱基置换是染色体的微小损伤,因它只涉及一对碱基被另一对碱基所置换,故属典型的点突变。置换又可分两类:一类称转换,即DNA链中一个嘌呤被另一个嘌呤(或是一个嘧啶被另一个嘧啶)所置换;另一类称颠换,即一个嘌呤被另一个嘧啶(或是一个嘧啶被另一个嘌呤)所置换。

①直接引起置换的诱变剂 这是一类可直接与核酸的碱基发生化学反应的化学诱变剂,在体内或离体条件下均有作用,如亚硝酸、羟胺和各种烷化剂等,后者包括硫酸二乙酯、甲基磺酸乙酯、N-甲基-N'-硝基-N-亚硝基胍、N-甲基-N-亚硝基脲、乙烯亚胺、环氧乙酸和氮芥等,它们可与一个或几个碱基发生生化反应,引起DNA复制时发生转换。能引起颠换的诱变剂很少。

②间接引起置换的诱变剂 它们都是一些碱基类似物,如5-溴尿嘧啶、5-氨基尿嘧啶、8-氮鸟嘌呤、2-氨基嘌呤和6-氯嘌呤等,其作用都是通过活细胞的代谢活动掺入到DNA分子中而引起的,故是间接的。

(2) 移码突变

移码突变指诱变剂会使DNA序列中的一个或少数几个核苷酸发生增添(插入)或缺失,从而使该处后面的全部遗传密码的阅读框架发生改变,并进一步引起转录和转译错误的一类突变。由移码突变所产生的突变株,称为移码突变株。移码突变只属于DNA分子的微小损伤,也是一种点突变,其结果只涉及有关基因中突变点后面的遗传密码阅读框架发生错误,因此除涉及这一基因外,并不影响突变点后其他基因的正常读码。

能引起移码突变的因素是一些吖啶类染料,包括原黄素、吖啶黄、吖啶橙、α-氨基吖啶以及一系列"ICR"类化合物。

目前认为吖啶类化合物引起移码突变的机制是:因为它们都是一些平面型三环分子,

结构上与一个嘌呤-嘧啶对十分相似,故能嵌入两个相邻的 DNA 碱基对之间,造成双螺旋的部分解开(两个碱基对原来相距 0.34nm,当嵌入一个吖啶分子后即成 0.68nm),从而在 DNA 复制过程中,使链上增添或缺失一个碱基,并引起移码突变。

(3)染色体畸变

某些强烈理化因子,如电离辐射(X 射线等)和烷化剂、亚硝酸等,除了能引起上述的点突变外,还会引起 DNA 分子的大损伤——染色体畸变,既包括染色体结构上的缺失、重复、易位、插入和倒位,也包括染色体数目的变化。

①缺失　即染色体上缺失了一段。可分为顶端缺失和中间缺失两种。缺失的片段如果是染色体臂的外端区段,则是顶端缺失;如果是染色体臂的中间区段,则称中间缺失。

②重复　即染色体上增加了相同的某个区段。分为顺接重复和反接重复。前者指的是某区段按照染色体上的正常顺序重复,后者指的是重复时颠倒了某区段在染色体上的正常顺序。

③易位　即染色体片段位置的改变,是指一条染色体的某一片段移接到另一条非同源染色体上,从而引起变异的现象。如果两条非同源染色体之间相互交换片段,称为相互易位,这种易位比较常见。

④插入　指一条染色体的某一片段插入另一条染色体中。严格来说,插入属于一种易位。

⑤倒位　是由于同一条染色体上发生了两次断裂,产生的片断颠倒 180°后重新连接造成的。如果倒位发生在染色体的一条臂上,称为臂内倒位;如果倒位包含了着丝粒区,则称为臂间倒位。因为臂内倒位不改变两个臂的长度,所以要用染色体显带技术才能识别;而臂间倒位会使两条臂的长度出现增减,即使不进行染色体显带处理,也可观察区分。

2. 自发突变

自发突变是指生物体在无人工干预下自然发生的低频率突变。自发突变的原因很多,一般有:a. 由背景辐射和环境因素引起,如天然的宇宙射线等;b. 由微生物自身有害代谢产物引起,如过氧化氢等;c. 由 DNA 复制过程中碱基配对错误引起。据统计,DNA 链在每次复制中,每个碱基对错误配对的频率是 $1\times10^{-11} \sim 1\times10^{-7}$,而一个基因平均约含 1000bp,故自发突变频率约为 1×10^{-6}。因此,对细菌进行一般液体培养时,因其细胞浓度常可达到 1×10^{8} 个/mL,故经常会在其中产生自发突变株。

五、紫外线对 DNA 的损伤及其修复

已知的 DNA 损伤类型很多,机体对其修复的方法也各异。发现得较早和研究得较深入的是紫外线的作用。嘧啶对紫外线的敏感性比嘌呤强得多,其光化学反应产物主要是嘧啶二聚体和水合物,相邻嘧啶形成二聚体后,造成局部 DNA 分子无法配对,从而引起微生物的死亡或突变。微生物具有多种修复受损 DNA 的作用,其中的两种主要修复作用是光复活作用和切除修复。

第三节 基因重组

两个独立基因组内的遗传基因,通过一定的途径转移到一起,形成新的稳定基因组的过程,称为基因重组或遗传重组,简称重组。

基因重组是在核酸分子水平上的一个概念,是遗传物质在分子水平上的杂交,因此,与一般在细胞水平上进行的杂交有明显区别。细胞水平上的杂交,必然包含了分子水平上的基因重组,如真核微生物中的有性杂交、准性杂交、原生质体融合以及原核生物中的转化、转导、接合和原生质体融合等。

基因重组是杂交育种的理论基础。由于杂交育种是选用已知性状的供体菌和受体菌作亲本,因此,不论在方向性还是自觉性方面,均比诱变育种前进了一大步。另外,利用杂交育种往往还可消除某一菌株在经历长期诱变处理后所出现的产量性状难以继续提高的障碍,因此,杂交育种是一种重要的育种手段。

一、原核生物的基因重组

原核生物的基因重组较原始,其特点为:a. 片段性,仅一小段DNA序列参与重组;b. 单向性,即从供体菌向受体菌(或从供体基因组向受体基因组)作单方向转移;c. 转移机制独特而多样,如转化、转导和接合等。以下分别介绍原核生物的4种主要遗传重组形式。

1. 转化

(1)相关定义

受菌体直接吸收供菌体的DNA片段而获得后者部分遗传性状的现象称为转化或转化作用。通过转化方式而形成的杂种后代,称转化子。转化现象的发现,尤其是转化因子DNA本质的证实,是现代生物学发展史上的一个重要里程碑,由此促进了分子遗传学和分子生物学的诞生和发展。

(2)转化微生物的种类

在原核生物中,主要有肺炎链球菌(旧称"肺炎双球菌")、嗜血杆菌属、芽孢杆菌属、奈瑟氏球菌属、根瘤菌属、葡萄球菌属、假单胞菌属和黄单胞菌属等;在真核微生物中,有酿酒酵母、粗糙脉孢菌和黑曲霉等。可是,在实验室中常用的一些属于肠道菌科的细菌如大肠埃希氏菌等则很难进行转化。为克服这一不利条件,可选用$CaCl_2$处理大肠埃希氏菌的球状体,以使之发生低频率的转化。有些真菌在制成原生质体后,也可实现转化。

(3)感受态

两个菌种或菌株间能否发生转化,有赖于其进化中的亲缘关系。但即使在转化频率极高的微生物中,其不同菌株间也不一定都可发生转化。研究发现,凡能发生转化,其受体细胞必须处于感受态。感受态是指受体细胞最易接受外源DNA片段并能实现转化的一种生理状态。它虽受遗传控制,但表现却差别很大。从时间上来看,有的出现在生长的指数期后期，有的出现在指数期末和稳定期；在具有感受态的微生物中，感受态细胞所占比例和维持时间也不同，如枯草芽孢杆菌的感受态细胞仅占群体的 20% 左右，感受态可维持几小时，而在流感嗜血杆菌群体中，100% 都呈感受态，但仅能维持数分钟。外界环境因子如环腺苷酸(cAMP)及 Ca^{2+} 等对感受态也有重要影响，如 cAMP 可使 *Haemophilus* 的感受态水平提高 1 万倍。

调节感受态的一类特异蛋白称感受态因子，它包括 3 种主要成分，即膜相关 DNA 结合蛋白、细胞壁自溶素和几种核酸酶。

(4) 转化因子

转化因子的本质是离体的 DNA 片段。一般原核生物的核基因组是一条环状 DNA 长链，不管在自然条件或人为条件下都极易断裂成碎片，故转化因子通常都是 15kb 左右的片段。若以每个基因平均含 1kb 计，则每一个转化因子平均约含 15 个基因。而事实上，转化因子进入细胞前还会被酶解成更小的片段。在不同的微生物中，转化因子的形式不同。例如，在 G^- 细菌 *Haemophilus* 中，细胞只吸收 dsDNA 形式的转化因子，但进入细胞后须经酶解为 ssDNA 才能与受体菌的基因组整合；而在 G^+ 细菌 *Streptococcus* 或 *Bacillus* 中，dsDNA 的互补链必须在细胞外降解，只有 ssDNA 形式的转化因子才能进入细胞。但不管何种情况，最易与细胞表面结合的仍是 dsDNA。由于每个细胞表面能与转化因子相结合的位点有限(如 *Streptococcus pneumoniae*，约 10 个)，因此从外界加入无关的 dsDNA 就可竞争并干扰转化作用。除 dsDNA 或 ssDNA 外，质粒 DNA 也是良好的转化因子，但它们通常并不能与核染色体组发生重组。转化的频率通常为 0.1%～1.0%，最高为 20%。能发生转化的最低 DNA 浓度极低，为化学方法无法测出的 $1×10^{-5}μg/mL$(即 $1×10^{-11}g/mL$)。

(5) 转化过程

转化过程被研究得较深入的是 G^+ 细菌 *Streptococcus pneumoniae* 的转化，其主要过程为：a. 供体菌(str^R，存在抗链霉素的基因标记)的 dsDNA 片段与感受态受体菌(str^S，有链霉素敏感型基因标记)细胞表面的膜连 DNA 结合蛋白相结合，其中一条链被核酸酶水解，另一条链进入细胞；b. 来自供体菌的 ssDNA 片段被细胞内的特异蛋白 RecA 结合，并使其与受体菌核染色体上的同源区段配对、重组，形成一小段杂合 DNA 区段；c. 受体菌染色体组进行复制，于是杂合区也跟着得到复制；d. 细胞分裂后，形成一个转化子(str^R)和一个仍保持受体菌原来基因型(str^S)的子代。

(6) 转染

转染指用提纯的病毒核酸(DNA 或 RNA)去感染其宿主细胞或原生质体，可增殖出一前正常病毒后代的现象。从表面上看，转染似与转化相似，但实质上两者的区别十分明显。因为用于转染的病毒核酸，绝不是作为供体基因，被感染的宿主也绝不是能形成转化子的受体菌。

2. 转导

通过缺陷噬菌体的媒介，把供体细胞的小片段 DNA 携带到受体细胞中，通过交换与整合，使后者获得前者部分遗传性状的现象，称为转导。由转导作用而获得部分新性状的重组细胞，称为转导子。转导现象由诺贝尔奖获得者 J. Lederberg 等首先在鼠伤寒沙门氏菌中发现(1952年)，以后又在许多原核生物中陆续发现，如大肠埃希氏菌、变形杆菌属、假单胞菌属、志贺氏菌属、弧菌属和根瘤菌属等。转导现象在自然界较为普遍，它在低等生物进化过程中很可能是一种产生新基因组合的重要方式。转导的种类有以下几种。

(1) 普遍转导

通过极少数完全缺陷噬菌体对供体菌基因组上任何小片段 DNA 进行"误包"，而将其遗传性状传递给受体菌的现象，称为普遍转导。一般用温和噬菌体作为普遍转导的媒介。普遍转导又可分为以下两种：

①完全普遍转导　简称完全转导，以 Salmonella typhimurium 为例，若用野生型菌株作供体菌，营养缺陷型突变株作受体菌，P22 噬菌体作转导媒介，则当 P22 在供体菌内增殖时，宿主的核染色体组发生断裂，待噬菌体成熟进行包装之际，有 $1\times10^6 \sim 1\times10^8$ 个噬菌体的衣壳把与噬菌体头部 DNA 大小相仿的一小段供体菌 DNA(P22 约可包装核染色体组的 1%)误包，形成了一个完全不含 P22 自身 DNA 的完全缺陷噬菌体，此即转导颗粒。当供体菌裂解时，若把少量裂解物与大量的受体菌接触，务必使其感染复数小于1，这时，这一完全缺陷噬菌体就可把外源 DNA 片段导入受体细胞内。在这种情况下，由于每一受体细胞最多感染了一个完全缺陷噬菌体，故细胞不可能被溶源化，也不显示其对噬菌体的免疫性，更不会发生裂解和产生正常的噬菌体后代；还由于导入的外源 DNA 片段可与受体细胞核染色体组上的同源区段配对，再通过双交换而整合到受体细胞染色体组上，从而使后者成为一个遗传性状稳定的重组体，称作普遍转导子。

除 Salmonella typhimurium 的 P22 噬菌体外，大肠埃希氏菌的 P1 噬菌体和 Bacillus subtilis 的 PPS1 和 SP10 噬菌体等都能进行完全普遍转导。

②流产普遍转导　简称流产转导。经转导噬菌体的媒介而获得供体菌 DNA 片段的受体菌，如果这段外源 DNA 在其内既不进行交换、整合和复制，也不迅速消失，而仅表现稳定的转录、转译和性状表达，这一现象就称流产转导。受体菌在发生流产转导并进行细胞分裂后，只能将这段外源 DNA 分配到一个子细胞中，另一个子细胞仅获得外源基因经转录、转译而形成的少量酶，因此，会在表型上仍轻微地表现出供体菌的某一特征；而且每经过一次分裂，就受到一次"稀释"，所以，能在选择性培养基平板上形成一个微小菌落(即其中只有一个细胞是转导子)就成了流产转导的特征。

(2) 局限转导

局限转导指通过部分缺陷的温和噬菌体把供体菌的少数特定基因携带到受体菌中，并与后者的基因组整合、重组，形成转导子的现象。局限转导最初于 1954 年在大肠埃希氏菌 K12 中被发现。特点是：只局限于传递供体菌核染色体上的个别特定基因，一般为噬菌体整合位点两侧的基因；该特定基因由部分缺陷的温和噬菌体携带；缺陷噬菌体是由于它在脱离宿主核染色体过程中发生低频率(约 1×10^{-5})的误切(不正常切离)或由于双重溶源菌的裂解而形成；局限转导噬菌体要通过 UV 等因素对溶源菌的诱导并引起裂解后才产生。大肠埃希氏菌的 λ 噬菌体和 φ80 噬菌体具有局限转导的能力。

根据转导子出现频率的高低可把局限转导分为两类：

①低频转导　指通过一般溶源菌释放的噬菌体所进行的转导，因其只能形成少数转导子，故称低频转导。以大肠埃希氏菌的 λ 噬菌体为例，当这一温和噬菌体感染其宿主后，噬菌体的环状 DNA 打开，以线状形式整合到宿主核染色体的特定位点上，同时使之溶源化和获得对同种噬菌体的免疫性。如果该溶源菌因诱导而进入裂解性生活史，就有极少数（约 $1×10^{-5}$）的前噬菌体因发生不正常切离而把插入位点两侧之一的宿主核染色体组上的少数基因连接到噬菌体 DNA 上（同时噬菌体也留下相对应长度 DNA 给宿主）。通过噬菌体衣壳对这段特殊 DNA 片段的误包，就形成了具有局限转导能力的部分缺陷噬菌体。它没有正常 λ 噬菌体所具有的致宿主溶源化的能力；当它感染宿主并整合在宿主核基因组上时，可形成一个获得了供体菌的 *gal* 或 *bio* 基因的局限转导子。

由于核染色体组进行不正常切离的频率极低，因此在其裂解物中所含的部分缺陷噬菌体的比例也极低（$1×10^{-6} \sim 1×10^{-4}$），这种含有极少数局限转导噬菌体的裂解物称为低频转导裂解物（LFT lysate）。若 LFT 裂解物在低 m.o.i.（感染复数）条件下感染其宿主，就可获得极少量的局限转导因子。

②高频转导　在局限转导中，若对双重溶源菌进行诱导，就会产生含 50%左右局限转导噬菌体的高频转导解物（HFT lysate），用这种裂解物去转导受体菌，就可获得高达 50%左右的转导子，故称这种转导为高频转导。例如，当以不能发酵乳糖的大肠埃希氏菌 *gal*⁻ 作受体菌，用高 m.o.i. 的 LFT 裂解物进行感染时，则感染 $λd_{gal}$ 噬菌体的任一细胞，几乎都同时含有正常 λ 噬菌体。这时，$λd_{gal}$ 与 λ 可同时整合在一个受体菌的核染色体组上，这种同时感染正常噬菌体和缺陷噬菌体的受体菌就称双重溶源菌。当双重溶源菌受 UV 等因素诱导而复制噬菌体时，其中正常 λ 噬菌体的基因可补偿缺陷噬菌体 $λd_{gal}$ 的不足，因而两者同样获得了复制。这种存在于双重溶源菌中的正常噬菌体就被称作助体（或辅助）噬菌体。所以，由双重溶源菌所产生的裂解物，因含有等量的 λ 和 $λd_{gal}$ 粒子，具有高频率的转导功能，故称高频转导裂解物（HFT lysate）。如果用低 m.o.i. 的 HFT 裂解物去感染另一大肠埃希氏菌 *gal*⁻（不能发酵半乳糖）受体菌，就可高频率（约 50%）地把后者转导成能发酵半乳糖的大肠埃希氏菌 *gal*⁺ 转导子。

(3) 溶源转变

当正常的温和噬菌体感染其宿主而使其发生溶源化时，因噬菌体基因整合到宿主的核基因组上而使宿主获得了除免疫性外的新遗传性状的现象，称溶源转变。这是一种表面上与上述的局限转导相似，但本质上却截然不同的特殊遗传现象，原因是：a. 这是一种不携带任何外源基因的正常噬菌体；b. 是噬菌体的基因而不是供体菌的基因提供了宿主的新性状；c. 新性状是宿主细胞溶源化时的表型，而不是经遗传重组形成的稳定转导子；d. 获得的性状可随噬菌体的消失而同时消失。

溶源转变的典型例子是白喉棒杆菌不产白喉毒素的菌株，在被 β 温和噬菌体感染而发生溶源化时，就会变成产毒素的致病菌株。其他例子如肉毒梭菌经特定温和噬菌体感染后，就会产生 C 型或 D 型肉毒毒素；鸭沙门氏菌在经噬菌体感染而溶源化时，细胞表面的多糖结构会发生相应的变化；我国学者也发现，在红霉素链霉菌中，其 P4 温和噬菌体也有溶源转变活性，由它决定了宿主合成红霉素和形成气生菌丝的能力。因为溶源化现象在从自然界中分离到的野生型菌株中较普遍存在，因此可以相信，溶源转变在微生物自然进化中有一定的作用。

3. 接合

（1）定义

供体菌（"雄性"）通过性菌毛与受体菌（"雌性"）直接接触，把 F 质粒或其携带的不同长度的核基因组片段传递给后者，使后者获得若干新遗传性状的现象，称为接合。通过接合而获得新遗传性状的受体细胞，称为接合子。由于在细菌和放线菌等原核生物中出现基因重组的频率极低（如大肠埃希氏菌 K12 约 1×10^{-6}），而且重组子的形态指标不明显，故有关细菌的重组或杂交工作一直很难开展。直到 J. Lederberg 和 E. L. Tatum（1946 年）建立用大肠埃希氏菌的两株营养缺陷型突变株在基本培养基上是否生长来检验重组子存在的方法后，才奠定了方法学上的基础。此法也是目前微生物遗传学和分子遗传学中最基本的和极为重要的研究方法之一。

（2）能进行接合的微生物种类

能结合的微生物主要在细菌和放射菌中存在。在细菌中，G^- 细菌尤为普遍，如大肠埃希氏菌属、克雷伯氏菌属、沙雷氏菌属、弧菌属、固氮菌属和假单胞菌属等；在放线菌中，以链霉菌属和诺卡氏菌属最为常见，其中研究得最为详细的是天蓝色链霉菌。此外，接合还可发生在不同属的一些菌种间，如大肠埃希氏菌与鼠伤寒沙门菌间或沙门氏菌与痢疾志贺氏菌间。在所有对象中，接合现象研究得最多、了解得最清楚的是大肠埃希氏菌。大肠埃希氏菌是有性别分化的，决定性别的是其中的 F 质粒（即 F 因子）。F 质粒是一种属于附加体性质的质粒，既可在细胞内独立存在，也可整合到核染色体组上；既可经接合而获得，也可通过吖啶类化合物、溴化乙锭或丝裂霉素等的处理而从细胞中消除（这些因子可抑制 F 质粒的复制）；既是合成性菌毛基因的载体，也是决定细菌性别的物质基础。

（3）大肠埃希氏菌的 4 种接合型菌株

根据 F 质粒在细胞内的存在方式，可把大肠埃希氏菌分成 4 种不同接合型菌株。

①F^+菌株 即"雄性"菌株，指细胞内存在一至几个 F 质粒，并在细胞表面着生一至几条性菌毛的菌株。当 F^+ 菌株与 F^- 菌株（无 F 质粒，无性菌毛）接触时，通过性菌毛的沟通和收缩，F 质粒由 F^+ 菌株转移至 F^- 菌株中，同时 F^+ 菌株中的 F 质粒也获得复制，使两者都成为 F^+ 菌株。这种通过接合而转性别的频率几近 100%。其具体过程为：a. 在 F 质粒的一条单链特定位点上产生裂口；b. 以"滚轮模型"方式复制 F 质粒，即断裂的单链（B）逐步解开，留存的环状单链（A）边滚动边以自身作模板合成互补单链（A'），同时，含裂口的单链（B）以 5'端为先导，以线形方式经过性菌毛而转移到 F^- 菌株中；c. 在 F^- 中，线形外源 DNA 单链（B）合成互补双链（B-B'），经环化后，形成新的 F 质粒，于是，完成了 F^- 至 F^+ 的转变。

②F^-菌株 即"雌性"菌株，指细胞中无 F 质粒、细胞表面也无性菌毛的菌株。它可通过与 F^+ 菌株或 F 菌株的接合而接受供体菌的 F 质粒，从而使自己转变成"雄性"菌株；也

可通过接合接受来自 Hfr 菌株的一部分或一整套核基因组 DNA。如果是后一种情况，则它在获得一系列 Hfr 菌株遗传性的同时，还获得了处于转移染色体末端的 F 因子，从而使自己从原来的"雌性"变成了"雄性"，不过这种情况极为罕见。F⁻ 较为少见，据统计，从自然界分离到的 2000 个大肠埃希氏菌菌株中，F⁻ 仅占 30% 左右。

③Hfr 菌株（高频重组菌株） 该菌株是 20 世纪 50 年代初由 J. Lederberg 实验室的学者所发现。在 Hfr 菌株细胞中，因 F 质粒已从游离态转变成在核染色体组特定位点上的整合态，故 Hfr 菌株与 F⁻ 菌株相接合后，发生基因重组的频率要比单纯用 F⁺ 菌株与 F⁻ 菌株接合后的频率高出数百倍，故而得名。当 Hfr 菌株与 F⁻ 菌株接合时，Hfr 菌株的染色体双链中的一条单链在 F 质粒处断裂，由环状变成线状，F 质粒中与性别有关的基因位于单链染色体末端。整段单链线状 DNA 以 5′端引导，等速地通过性菌毛转移至 F⁻ 菌株中。在毫无外界干扰的情况下，这一转移过程约需 100min。在实际转移过程中，这么长的线状单链 DNA 常发生断裂，以致越是位于 Hfr 菌株染色体前端的基因，进入 F⁻ 菌株的概率就越大，其性状在接合子中出现的时间也就越早，反之亦然。由于 F 质粒上决定性别的基因位于线状 DNA 的末端，能进入 F⁻ 菌株的机会极少，故在 Hfr 菌株与 F⁻ 菌株接合中，F⁻ 菌株转变为 F⁺ 菌株的频率极低；而其他遗传性状的重组频率却很高。

Hfr 菌株的染色体向 F⁻ 菌株的转移过程与上述的 F 质粒自 F⁺ 菌株转移至 F⁻ 菌株基本相同，都是按滚环模型来进行的。所不同的是，进入 F⁻ 菌株的单链染色体片段经双链化后，形成部分合子（即半合子），然后两者的同源区段配对，经双交换后，才发生遗传重组。

接合过程一般可分为：a. Hfr 菌株与 F⁻ 菌株配对；b. 通过性菌毛使两个细胞直接接触，并形成接合管；Hfr 菌株的染色体在起始子部位开始复制，至 F 质粒插入的部位才结束；供体 DNA 的一条单链通过性菌毛进入受体细胞；c. 发生接合中断，F⁻ 菌株成了部分双倍体，供体菌（Hfr）的单链 DNA 片段合成了另一条互补的 DNA 链；d. 外源双链 DNA 片段与受体菌（F⁻）的染色体 DNA 双链间进行双交换，从而产生了稳定的接合子。

由于在接合中的 DNA 转移过程有着稳定的速度和严格的顺序性，所以，人们可在实验室中每隔一定时间方便地用接合中断器或组织捣碎机等措施，使接合中断，获得一批具有 Hfr 菌株不同遗传性状的 F⁻ 接合子。根据这一原理，利用 F 质粒可正向或反向插入宿主核染色体组的不同部位（有插入序列处）的特点，构建几株有不同整合位点的 Hfr 菌株，使其与 F⁻ 菌株接合，并在不同时间使接合中断，最后根据 F⁻ 菌株中出现 Hfr 菌株中各种性状的时间早晚（用分钟表示），就可画出一张比较完整的环状染色体图。这就是由 E. Wollman 和 F. Jacob (955 年) 首创的接合中断法的基本原理。同时，原核生物染色体的环状特性也是从这里开始被认识的。此法对早期大肠埃希氏菌染色体上的基因定位发挥了很大的作用。

④F′菌株 当 Hfr 菌株内的 F 质粒因不正常切离而脱离核染色体组时，可重新形成游离但携带整合位点邻近一小段核染色体基因的特殊 F 质粒，称 F′质粒或 F′因子，这与 λ_d 形成的机制十分相似。凡携带 F′质粒的菌株，称为初生 F′菌株，其遗传性状介于 F⁺ 与 Hfr 菌株之间；通过 F′菌株与 F⁻ 菌株的接合，可使后者也成为 F′菌株，这就是次生 F′菌株，它既获得了 F 质粒，同时又获得了来自初生 F′菌株的若干属 Hfr 菌株的遗传性状，故它是一个部分双倍体。以 F′质粒来传递供体基因的方式，称为 F 质粒转导或 F 因子转导、性导 F 质粒媒介的转导。与上述构建不同 Hfr 菌株相似的是，因为 F 质粒可整合在大肠埃希

氏菌核染色体组的不同位置上，故可分离到一系列不同的 F′质粒，从而可用于绘制细菌的染色体图。

4. 原生质体融合

原生质体是细胞壁以内各种结构的总称，也是组成细胞的一个形态结构单位，生活细胞中各种代谢活动均在此进行。通过人为的方法，使遗传性状不同的两个细胞的原生质体进行融合，借以获得兼有双亲遗传性状的稳定重组子的过程，称为原生质体融合。由此法获得的重组子，称为融合子。原核生物原生质体融合研究是从 20 世纪 70 年代后期发展起来的一种育种新技术，是继转化、转导和接合之后发现的一种较有效的遗传物质转移手段。能进行原生质体融合的生物种类极为广泛，不仅包括原核生物中的细菌和放线菌，而且还包括各种真核生物，例如，属于真核类的酵母菌、霉菌和蕈菌，各种高等植物。各种动物和人体的细胞更由于它们本来就不存在阻碍原生质体进行融合的细胞壁，因此较容易发生原生质体融合。

原生质体融合的主要操作步骤是：先选择两株有特殊价值、并带有选择性遗传标记的细胞作为亲本菌置于等渗溶液中，用适当的脱壁酶（如细菌和放线菌可用溶菌酶等处理，真菌可用蜗牛消化酶或其他相应酶处理）去除细胞壁，再将形成的原生质体（包括球状体）进行离心聚集，加入促融合剂 PEC（聚乙二醇）或借电脉冲等因素促进融合，然后用等渗溶液稀释，再涂在能促使融合细胞再生细胞壁和进行细胞分裂的基本培养基平板上。待形成菌落后，再通过影印平板法把它们接种到各种选择性培养基，检验它们是否为稳定的融合子，最后再测定其有关生物学性状或生产性能。

当前，有关在育种工作中应用原生质体融合的研究甚多，成绩显著，在某些例子中，其重组频率已达到 0.1，而诱变育种一般仅为 1×10^{-6}。此外，除同种的不同菌株间或种间能进行原生质体融合外，还发展到属间、科间甚至更远缘的微生物或高等生物细胞间的融合，并借此获得生产性状更为优良的新物种。例如，国内有报道用酿酒酵母与克鲁维酵母属进行属间原生质体融合，已获得在 45℃下能进行酒精生产的高温融合子，其产酒率达 7.4%。此外，近年来在原生质体融合育种中还出现用加热或 UV 灭活的原生质体作一方甚至两方亲本参与融合，此法大大简化了制备遗传标记亲本的烦琐准备工作，颇有创意。

二、真核微生物的基因重组

在真核微生物中，基因重组的方式很多，主要有有性杂交、准性杂交、原生质体融合和遗传转化等，由于后两者与原核生物中已讨论过的内容基本相同，故这里仅介绍有性杂交和准性杂交。

1. 有性杂交

杂交是细胞水平上进行的一种遗传重组方式。有性杂交，一般指不同遗传型的两性细胞间发生接合和随之进行染色体重组，进而产生新遗传后代的一种育种技术。凡能产生有性孢子的酵母菌、霉菌和蕈菌，原则上都可应用与高等动、植物杂交育种相似的有性杂交方法进行育种。现仅以工业上和基因工程中应用极广的真核微生物酿酒酵母为例来加以介绍。

酿酒酵母有其完整的生活史。从自然界分离到的或在工业生产中应用的菌株,一般都是双倍体细胞。把具有不同生产性状的甲、乙两个亲本菌株(双倍体)分别接种到含醋酸钠或其他产孢子的培养基斜面上,使其产生子囊,经过减数分裂后,在每一子囊内会形成4个子囊孢子(单倍体)。用蒸馏水洗下子囊,用机械法(加硅藻土和石蜡油后在匀浆管中研磨)或酶法(用蜗牛消化酶等处理)破坏子囊,再进行离心,然后把获得的子囊孢子涂布平板,就可以得到单倍体细胞组成的菌落。把来自不同亲本、不同性别的单倍体细胞通过离心等方式使之密集地接触,就有更多的出现种种双倍体的有性杂交后代,它们与单倍体细胞有明显的差别,易于识别。在这些双倍体杂交子代中,通过筛选,就可选到具有优良性状的杂种。

2. 准性杂交

(1)定义

要了解准性杂交,先要了解什么是准性生殖。顾名思义,准性生殖是一种类似于有性生殖但比它更为原始的两性生殖方式,这是一种在同种而不同菌株的体细胞间发生的融合,它可不借减数分裂而导致低频率基因重组并产生重组子。因此,可以认为准性生殖是在自然条件下,真核微生物体细胞间的一种自发性的原生质体融合现象。它在某些真菌尤其在还未发现有性生殖的半知菌类如构巢曲霉中最为常见。

(2)准性生殖过程

①菌丝联结 它发生于一些形态上没有区别但在遗传型上却有差别的同种不同菌株的体细胞(单倍体)间。发生菌丝联结的频率是极低的。

②形成异核体 两个遗传型有差异的体细胞经菌丝联结后,先发生质配,使两个单倍体核集中到同一细胞中,于是形成了双相的异核体,异核体能独立生活。

③核融合 或称核配,指异核体中的两个细胞核在某种条件下,低频率地产生双倍体杂合子核的现象。如在米曲霉中,核融合的频率为 $1\times10^{-7}\sim1\times10^{-5}$,某些理化因素如樟脑蒸气、UV或高温等处理,均可提高核融合的频率。

④体细胞交换和单倍体化 体细胞交换即体细胞中染色体间的交换,也称有丝分裂交换。上述双倍体杂合子的遗传性状极不稳定,在其进行有丝分裂的过程中,其中极少数核内的染色体会发生交换和单倍体化,从而形成了极个别的具有新性状的单倍体杂合子。如果对双倍体杂合子用UV、γ射线或氮芥等进行处理,就会促进染色体断裂、畸变或导致染色体在两个子细胞中分配不均,因而有时能产生各种不同性状组合的单倍体杂合子。

第四节 基因工程

科学家的理性探索和微生物的育种实践推动着微生物遗传变异基本理论的研究,而对遗传本质的日益深入认识又大大地促进了遗传育种实践的发展。科学和技术、理论和实践间的这种依存关系,在微生物遗传育种领域中获得了最充分的证实。从19世纪巴斯德时代起，在微生物学研究者仅初步认识微生物存在自发突变现象的阶段，育种工作只能停留在从生产中选种和做些初级的"定向培育"等工作；1927年，当发现X射线能诱发生物体基因突变，以后又发现UV等物理因素的诱变作用后，就很快将其用于早期的青霉素生产菌种（产黄青霉）的育种工作中，并取得了显著成效；1946年，当发现了化学诱变剂的诱变作用，并初步研究其作用规律后，就在生产实践中掀起了利用化学诱变剂进行诱变育种的热潮；几乎在同一时期，对真核微生物有性杂交、准性生殖和对原核微生物各种基因重组规律的认识，推动了杂交育种工作的开展；步入20世纪50年代后，对遗传物质本质的深刻认识，以及对它们的存在形式、转移方式及其功能等问题的深入研究，促进了分子遗传学的迅速发展，由此引起了20世纪70年代开始的在遗传育种观念与技术上具有革命性的基因工程的诞生和飞速发展。

一、基因工程的定义

基因工程又称遗传工程，是指人们利用分子生物学的理论和技术自觉设计、操纵、改造和重建细胞的遗传核心——基因组，从而使生物体的遗传性状发生定向变异，以最大限度地满足人类活动的需要。这是一种自觉的、可人为操纵的体外DNA重组技术，是一种可达到超远缘杂交的育种技术，更是一种前景宽广、正在迅速发展的定向育种新技术。

二、基因工程的载体

在基因工程操作中，把外源目的基因导入受体细胞并使之表达的中介体，称为载体。除原核生物的质粒外，病毒是最好的载体。

1. 噬菌体（原核生物基因工程的载体）

前面已提到过的大肠埃希氏菌的λ噬菌体，是一种被研究得十分详尽的含线状dsDNA的温和噬菌体。在其基因组中，约有一半是对自身生命活动十分必要的"必要基因"，另一半则是对其自身生命活动无重大影响的"非必要基因"，因此可被外源基因取代而建成良好的基因工程载体。这类载体有很多优点：a. 遗传背景清楚；b. 载有外源基因时，仍可与宿主的核染色体整合并同步复制；c. 宿主范围狭窄，使用安全；d. 由于其两端各具由12个核苷酸组成的黏性末端，故可组成科斯质粒（又称黏性质粒或黏粒）；e. 感染率极高（近100%），比一般质粒载体的转化率高出千倍。

由λ噬菌体构建的载体如：a. 凯隆载体，是一种用内切酶改造后所构建成的特殊λ噬菌体载体，在其上可插入小至数千碱基对、大至23kb的外源DNA片段；b. 科斯质粒，是一种由含黏性末端的λ-DNA和质粒DNA组建成的重组体，优点是具有质粒载体和噬菌体载体两者的长处，其本身相对分子质量虽小（6kb），却可插入各种来源的相对分子质量较大（35~53kb）的外源DNA片段，当把它在体外包装成λ噬菌体后，即可高效地感染大肠埃希氏菌，并进行整合、复制和表达。

2. 动物DNA病毒（动物基因工程的载体）

可作为基因工程载体的动物病毒很多，主要为SV40（猴病毒40），其次为人的腺病毒、牛乳头瘤病毒、痘苗病毒以及 RNA 病毒等。SV40 是一种寄生在细胞中的 DNA 病毒，能使试验动物患癌，其生活周期包括引起宿主细胞裂解和转化成癌细胞两个阶段，其 cccDNA（共价闭环 DNA）的相对分子质量为 $3×10^6$。SV-DNA 是个复制子，当侵染其宿主细胞后，既能自我复制，也能整合到宿主的染色体细上。若在野生型 SV-DNA 上直接接一外源 DNA，会因其相对分子质量太大而无法正常包装，故须使用缺失了编码衣壳蛋白后期基因的突变株作载体，为补偿这一功能缺陷，这种突变株还须与其辅助病毒（如 SV40-tsA）一起感染，才能在宿主体内正常繁殖。利用这一系统已将家兔或小鼠的 $β$-珠蛋白成人生长激素的基因在猴肾细胞中获得了表达。

3. 植物 DNA 病毒（植物基因工程的载体）

因含 DNA 的植物病毒种类较少，故病毒载体在植物基因工程中的应用起步较晚。花椰菜花叶病毒（CaMV）是一种由昆虫传播的侵染十字花科植物的病毒，含 8kb 的环状 dsDNA，存在多种限制性内切酶的切点。在其非必要基因区内插入外源 DNA 后，所形成的重组体仍具侵染性。但由于它不能与宿主核染色体组发生整合，因此还无法获得遗传性稳定的转基因植株。此外，一些真核藻类的 DNA 病毒也有发展前景。

4. 昆虫 DNA 病毒（真核生物基因工程的载体）

杆状病毒在昆虫中具有广泛的宿主，包括鳞翅目、膜翅目、鞘翅目和半翅目等昆虫以及蜘蛛和蜱螨等节肢动物。病毒体呈杆状，大小 $(40~60)nm×(200~400)nm$，外有被膜，含 8%~15%环状 dsDNA。它们作为外源基因载体的优点是：a. 具有在宿主细胞核内复制的 cccDNA；b. 不侵染脊椎动物，对人、畜十分安全；c. 核型多角体蛋白基因是病毒的非必要基因区，它带有强启动子，可使此基因表达产物达到宿主细胞总蛋白质量的 20%或虫体干重的 10%；d. 可作为重组病毒的选择性标记，原因是外源 DNA 的插入并不影响病毒的繁殖，却使其丧失了形成多角体的能力；e. 对外源基因容量大（可插入 100kb 的 DNA 片段）；f. 有强启动子作病毒的晚期后启子，故任何外源基因产物，甚至对病毒有毒性的产物也不影响病毒的繁殖与传代。目前，利用杆状病毒作载体已成功地获得了产生人 $β$-干扰素和 $α$-干扰素的昆虫细胞株；国内已报道利用重组了毒素基因的杆状病毒作生物防治剂，可使害虫受到病毒和毒素的侵害，双重地灭杀害虫，达到快速、高效、对人畜无害且不产生抗药性害虫的良好效果。

三、基因工程的基本操作

基因工程的基本操作包括目的基因的获得、载体系统的选择、目的基因与载体 DNA 的体外重组、重组载体导入受体细胞和工程菌的表达等。

1. 目的基因的获得

目的基因即外源基因或供体基因，取得具生产意义的目的基因主要有 3 条途径：a. 从适当的供体生物包括微生物、动物或植物中提取；b. 通过逆转录酶的作用，由 mRNA 合成 cDNA（即互补 DNA）；c. 由化学合成方法合成有特定功能的目的基因。

2. 载体系统的选择

优良的载体必须具备几个条件：a. 是一个具自我复制能力的复制子；b. 能在受体细胞内大量增殖；c. 其上最好只有一个限制性核酸内切酶的切口，使目的基因能固定地整合到载体 DNA 的一定位置上；d. 其上必须有一种选择性遗传标记，以便及时高效地选择出工程菌或工程细胞株。目前具备上述条件者，对原核细胞受体来说，主要是松弛型细菌质粒和 λ 噬菌体；对真核细胞受体来说，在动物方面主要有 SV40 病毒，而在植物方面主要是 Ti 质粒。

3. 目的基因与载体 DNA 的体外重组

采用限制性核酸内切酶的处理或人为地在 DNA 的 3′端接上 polyA 和 polyT，就可使参与重组的两个 DNA 分子产生"榫头"和"卯眼"似的互补黏性末端，然后把两者放在5~6℃下温和地"退火"。由于每一种限制性核酸内切酶所切断的双链 DNA 片段的黏性末端都有相同的核苷酸组分，所以当两者相混时，凡与黏性末端上碱基互补的片段，就会因氢键的作用而彼此吸引，重新形成双链。这时，在外加连接酶的作用下，目的基因就与载体 DNA 进行共价结合（"缝补"），形成一个完整的、有复制能力的环状重组载体或称嵌合体。

4. 重组载体导入受体细胞

上述在体外构建的重组载体，只有将它导入受体细胞中，才能使其中的目的基因获得扩增和表达。受体细胞种类极多，最初以原核生物为主，如大肠埃希氏菌和结草芽孢杆菌，后来发展到真核微生物如酿酒酵母以及各种高等动、植物的细胞株和组织，目前正在向各种大生物扩展，如转基因动物和转基因植物等。

把重组载体导入受体细胞有多种途径，如质粒可用转化法，噬菌体或病毒可用感染法等。现以转化为例：在一般情况下，大肠埃希氏菌既不存在感受态，也不能发生转化，可是，它是一个遗传背景极其清楚、各项优势明显的模式生物甚至称得上是"明星生物"，故是一个极其重要的遗传工程受体菌。为此，学者经过研究，终于发现 $CaCl_2$ 能促进大肠埃希氏菌对质粒 DNA 或 λ-DNA 的吸收，从而发展出目前常用的利用 $CaCl_2$ 进行大肠埃希氏菌转化的方法。采用此法，一种最广泛使用的 pBR322 质粒（松弛型，具有四环素和氨苄青霉素抗性基因标记，并具有一些便于应用的限制性核酸内切酶的酶切位点）的转化率可达到 $1\times10^5 \sim 1\times10^7$ 个转化子/μg DNA。

5. 工程菌的表达

工程菌是用基因工程的方法，使外源基因得到高效表达的菌类细胞株系，是采用现代生物工程技术加工出来的新型微生物，具有多功能、高效和适应性强等特点。工程菌的表达是指外源基因片段拼接到另一基因表达体系中，使其获得具生物活性且高产的表达产物。在治理污水方面，可采用生物工程技术提取多种微生物的降解性基因，然后组装到同一种菌株中，使这种菌株具有多种微生物的降解性功能，可以同时降解多种化合物，大大提高污水的降解效率，并克服了将微生物混合产生的相互制约性。工程菌适用于化工污水、制药污水、印染污水等多种污水的处理。在制药方面，利用工程菌可生产基因工程药物，如胰岛素。此外，在发酵工程中，工程菌也挥发着一定的功能，可以提高发酵的效率。

四、基因工程的应用

1. 在生产多肽类药物、疫苗中的应用

这类基因工程药物的生产是当前基因工程最重要的应用领域，进展迅速。例如，有抗肿瘤、抗病毒功能的干扰素和白细胞介素等；用于治疗心血管系统疾病的有尿激酶原、组织型溶纤蛋白酶原激活因子、链激酶以及抗凝血因子等；用于预防传染病的如乙型肝炎疫苗、腹泻疫苗和口蹄疫疫苗等；用于人体生理调节的有胰岛素和其他生长激素等。

基因工程药物的生产途径至今经历了4个阶段：a. 细菌基因工程，即用大肠埃希氏菌等细菌作受体，在不同类型的发酵罐中进行工业化生产；b. 酵母菌等真核微生物细胞的基因工程，即用酵母菌细胞作受体，在发酵罐等生物反应器中大量表达外源基因的多肽类生产性状；c. 哺乳动物细胞基因工程，即用哺乳动物细胞作受菌，然后参考微生物发酵的方式在复杂的生物反应器中进行工业化生产；d. 转基因动物或转基因植物的基因工程，即以活的动、植物整体代替机械的发酵罐生产稀有、名贵的医用活性肽，是当前国际基因工程的新潮流，如牛、羊的"乳腺生物反应器"，"鸡卵生物反应器"，哺乳动物的"膀胱生物反应器"，"家蚕生物反应器""种子生物反应器""果实生物反应器"，"块茎生物反应器"（马铃薯等），以及"香蕉口服疫苗"等。

2. 改造传统工业发酵菌种

由传统工业发酵菌种生产的发酵产品数量大、应用广，对全球经济影响十分巨大，如抗生素、氨基酸、有机酸、酶制剂、醇类和维生素（尤其是维生素C）等。这类菌种基本上都经过长期的诱变或重组育种，生产性能很难再大幅度提高。要打破这一局面，必须使用基因工程手段才能解决。

3. 动、植物特性的基因工程改良

用基因工程改造动物品质的主要重点是上述以生产多肽类药物为主的转基因动物。基因工程在植物上的应用极多，重点主要为：a. 转抗病虫害基因，如转苏云金杆菌δ毒素基因的抗虫棉花；b. 抗逆境植物品种的培育，包括抗旱、涝、寒、盐或碱等；c. 高产、优质品种的培育，如高蛋白质、高必需氨基酸、高必需脂肪酸和维生素的品种，如欧洲已育成富含维生素A和铁的转基因水稻等；d. 生产药用多肽或可降解塑料等优良品种，后者如能生产PHB（聚羟基丁酸）的油菜品种已培育成功；e. 培育适应商品化的既易保鲜、贮存，又有良好外形、色泽和口味的水果新品种；f. 转固氮、结瘤、分解纤维素或木质素酶的基因，或是能提高光合作用效率等基因的新品种；等等。据统计，美国从1985年至2017年4月25日共批准和公告了19 070项转基因生物田间试验申请，我国只有木瓜和棉花（2017年）；全球已有土地种植了转基因植物，尤以美国、巴西和阿根廷居多，我国位居第八。

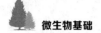

4. 环境保护

在环境保护方面，利用基因工程可培育同时能分解多种有毒物质的遗传工程菌。例如，1975 年，有人把降解芳烃、萜烃和多环芳烃的质粒转移到能降解烃的一种假单胞菌中，获得了能同时降解 4 种烃类的"超级菌"，它能把原油中 2/3 的烃分解掉。这类新型遗传工程菌在防治污染、保护环境方面有很大潜力。据报道，利用自然菌种分解海面浮油污染要花费一年以上时间，而利用"超级菌"却只要几个小时。

广泛使用生物农药代替毒性大、对环境污染严重的化学农药是未来农药发展的方向。近年来，我国学者采用基因重组和克隆等手段，已研制了兼具苏云金杆菌和昆虫杆状病毒优点的新型基因工程病毒杀虫剂，还研究成功重组有蝎毒基因的棉铃虫病毒杀虫剂（2001年），它们都具有高效、无公害等特点，堪称是生物农药领域中的一大创新。

总之，从 20 世纪 70 年代初就在国际范围内兴起的基因工程，其实质主要是创造了一种能利用微生物或微生物化的动、植物细胞的优越体制和种种优良的生物学特性，来高效地表达生物界中几乎一切物种的优良遗传性状的最佳实验手段。微生物本身和微生物学在基因工程中的重要性是极其明显甚至是无法取代的，从以下 5 个方面就可得到充分的证实：a. 载体——能充当目的基因载体的若不是微生物本身（如病毒噬菌体），就是微生物细胞的部分构造（如细菌和酵母菌中的质粒）；b. 工具酶——被誉为基因工程中不可或缺的"解剖刀"和"缝衣针"的 1000 余种特异性工具酶，几乎均来自微生物；c. 受体——作为基因工程中的受体细胞，被大量使用的主要还是具有优越体制、容易培养和能高效表达目的基因各种性状的微生物细胞和微生物化的高等动、植物单细胞株；d. 微生物工程——作为基因工程的直接成果，仅提供了一个良种细胞（工程菌或工程细胞株），而要它们进一步发挥其应有的巨大经济效益、社会效益或是生态效益，就必须让它们大量生长繁殖和发挥生物化学转化作用，这就必须通过微生物工程（或发酵工程）的协助才能实现；e. 目的基因的主要供体——尽管基因工程中外源基因的供体生物可以是任何生物对象，但由于微生物在其代谢多样性和遗传多样性等方面具有的独特优势，尤其是嗜极菌（即生长于极端条件下的微生物）的重要基因优势，因此，微生物将永远是一个最重要的外源基因供体库。

巩固练习

1. 名词解释

遗传性，遗传型，表型，变异，饰变，核基因组，核外染色体，突变率，选择性突变，点突变，转换，颠换，移码突变，染色体畸变，转座因子，基因重组，质粒，感受态，转化，转导，普遍转导，局限转导，流产转导，低频转导，高频转导，转染，缺陷噬菌体，双重溶源菌，溶源转变，接合，性导，基因工程，准性生殖。

2. 问答题

(1) 试简述微生物遗传物质存在的 7 个水平。
(2) 质粒有哪些特点？其有何理论与实际意义？
(3) 在遗传学正式出版物中，对基因和基因表达产物的符号一般有何规定？试各举一例。

(4) 什么是影印平板培养法？它有何理论与实际应用？

(5) 什么是变量试验？试图示说明。

(6) 什么是涂布试验？试图示说明。

(7) 试述转化的基本过程。

(8) 什么是细菌的接合？什么是 F 质粒？

(9) 试比较大肠埃希氏菌的 F^+、F^-、Hfr 和 F' 菌株的异同，并图示四者间的联系。

(10) 什么叫接合中断法？试述利用此法测定 *E. coli* Hfr 菌株染色体图的基本原理。

(11) 什么是原生质体融合？其基本操作程序如何？

(12) 酿酒酵母的有性杂交是怎样操作的？

(13) 试说明利用准性生殖规律进行半知菌类杂交育种的一般过程。

(14) 试列表比较转化、转导、接合和原生质体融合间的异同。

(15) 试比较转化与转染、转导与溶源转换以及转导与性导间的异同。

(16) 试图示并简述基因工程基本操作过程。

(17) 试述微生物在基因工程中的重要地位。

第六章 消毒与灭菌

○ **项目描述：**

　　自然界中微生物主要存在于土壤、空气、江河、湖泊、海洋、生物体体表及体表与外界相通的腔道中，其种类繁多，代谢营养类型多样、适应性强。有许多微生物是有益的。当然，也有能够引起食物腐败或者使人、动物和植物致病的微生物，这些微生物不仅危害人类健康，也影响整个社会的发展，因此对微生物的控制十分重要。随着科技的不断进步，微生物的控制技术愈发成熟，人们通过控制微生物对有益微生物进行人工培养，对有害微生物进行杀灭。同时，微生物控制也有利于现代微生物技术的研究。影响微生物生长的环境因素主要是温度、pH 和氧气。按微生物最适生长温度的高低可把它们分为中温菌、嗜冷菌和嗜热菌三大类。按微生物与氧气的关系可把它们分为专性好氧菌、兼性厌氧菌（即兼性好氧菌）、微好氧菌、耐氧菌和厌氧菌（即专性厌氧菌）五大类。本章主要讲述如何利用物理方法和化学方法等对微生物的生长和繁殖进行有效控制。

○ **知识目标：**

　　1. 了解控制微生物的意义。
　　2. 熟练掌握生长温度三基点的含义及三者关系，在此基础上理解宽温微生物和窄温微生物的生境温度特点。
　　3. 熟悉微生物与氧的关系。
　　4. 了解厌氧菌的氧毒害机制。
　　5. 熟悉微生物内环境的 pH 特点和培养过程中外环境的 pH 变化特点。
　　6. 掌握消毒、灭菌、防腐、无菌等基本概念。
　　7. 理解各种消毒与灭菌方法的作用原理。
　　8. 了解不同消毒剂的种类、适用范围。
　　9. 理解影响消毒、灭菌效果的因素。
　　10. 掌握消毒、灭菌的常用方法及适用范围。
　　11. 掌握判断高压蒸汽灭菌锅中冷空气是否排尽的方法。

○ **能力目标：**

　　1. 能够在明晰好氧微生物和厌氧微生物的基础上，正确区分专性好氧菌、兼性厌氧菌、微好氧菌、耐氧菌和专性厌氧菌。
　　2. 能够根据不同物质的特点和用途，选择适当的消毒与灭菌方法。
　　3. 能够正确使用高压蒸汽灭菌锅。

4. 能够正确地对微生物实验室常用设备和试剂进行消毒与灭菌操作。
5. 能够正确处理空气除菌、培养基及设备灭菌过程中的常见问题。
6. 能够合理分析灭菌失败的原因。

第一节 有害微生物控制概述

一、有害微生物控制

在我们周围的环境中,到处都有微生物存在,有一部分微生物通过气流、相互接触或人工接种等方式传播到合适的基质或生物对象上而造成种种危害,这就是本节所讨论的有害微生物。有害微生物主要包括病原微生物及腐败微生物,这些微生物会使食品腐败变质,使人、动物、植物致病,还会使培养基以及试剂发生污染,因此需要采取有效措施对有害微生物进行控制。

生活中人们通常采用日晒、煮沸、盐腌等方法杀灭或去除微生物,以便更好地预防疾病、制作和保存食物。随着微生物科学的发展,人们对影响微生物生长繁殖的因素有了更深刻的认识。在人工培养一些有益微生物时,可以增加对微生物生长有利的因素;在想要杀灭或抑制有害微生物时,可以增加对微生物不利的因素,来达到消毒灭菌的目的。

二、微生物的控制因素

1. 温度

温度是影响微生物生长的最重要因素之一。温度变化影响酶活性,进而影响酶促反应速率,最终影响细胞合成。当温度高时,细胞膜的流动性大,有利于物质的运输;温度低时,细胞膜流动性降低,不利于物质运输。因此,温度变化影响营养物质的吸收与代谢产物的分泌。此外,温度还会影响物质的溶解度,对微生物生长有影响。

(1)微生物的最适温度

微生物生长最快时的温度为最适温度。最低温度是微生物生长繁殖能够忍受的最低温度,当温度低于最低温度时,微生物的生长完全停止。最高温度是微生物生长繁殖能够忍受的最高温度,当温度高于最高温度时,微生物不生长,若温度继续升高会导致微生物死亡(图6-1)。最低温度、最适温度、最高温度为微生物生长繁殖的三基点温度,通常微生物生长繁殖的最低温度为-30℃,最适温度为-10~100℃,最高温度为105~300℃。不同微生物的三基点温度不同,即使同种微生物也会因为所处环境不同而有所差异。

根据微生物最适生长温度的不同,可以将微生物分为低温型微生物、中温型微生物、高温型微生物3类。

①低温型微生物 也称嗜冷微生物,是指最适

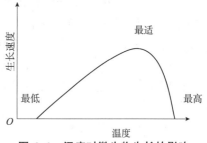

图6-1 温度对微生物生长的影响

微生物基础

温度在-10~20℃的微生物，分为专性和兼性两类，二者生长所需温度不同。前者的最适生长温度为15℃左右，最高生长温度为20℃，主要分布在地球两极；后者的最适生长温度为25~30℃，最高生长温度为35℃左右，主要分布在海洋、冷泉等区域。在一些温度不高的区域如海洋、冷泉、深湖、冷藏库等都有低温型微生物(包括假单胞菌、乳酸杆菌、青霉等)的存在。低温型微生物的酶在低温下能有效地起催化作用，所以能确保其在低温下生长，但低温型微生物的酶在温度为30~40℃的条件下会失活。此外，低温型微生物的细胞膜中含较多不饱和脂肪酸，在低温下细胞质膜也能保持半流体状态和通透性，仍能进行活跃的物质转运，所以低温型微生物才得以在低温条件下生长。嗜冷菌是低温保藏食品发生腐败的主要原因。因其酶在低温下具有较高活性，故可开发低温下作用的酶制剂，如洗涤剂用的蛋白酶等。

②中温型微生物　也称嗜温微生物，是指最适生长温度在25~37℃的微生物。自然界中绝大多数的微生物均属于这一类。这类微生物的最低生长温度为10℃左右，低于10℃则不能生长。中温型微生物也可分为两类，即嗜室温型微生物和嗜体温型微生物，二者的最适生长繁殖温度及分布区域均不同。前者的最适生长繁殖温度为20~35℃，其生活环境较广泛，以腐生环境为主；后者的最适生长繁殖温度较高，为35~40℃，主要生活在寄生环境中，如生物体内或体表，大肠杆菌就是一种非常典型的嗜体温型微生物。

③高温型微生物　也称嗜热微生物，简称嗜热菌。这种微生物的生长繁殖温度较高，能在高于40℃的温度下生长，最适生长温度在55℃左右。高温型微生物主要分布在草堆、厩肥、煤堆、温泉、火山地、地热区土壤以及海底火山口附近等温度较高的环境。与低温型微生物一样，高温型微生物的酶也比较特别，它们的酶具有更强的抗热性，这就使高温型微生物能够在高温下生长繁殖。同时高温型微生物还有一些其他特别之处，如其核酸具有热稳定性，其细胞膜中含有较多饱和脂肪酸和直链脂肪酸，使细胞膜也具有热稳定性。高温型微生物因其能耐较高温度，生长快速，细胞物质在高温下仍有活性，在发酵工业上具有不可替代的作用。工业上常见的德氏乳酸杆菌就是一种重要的高温型微生物。筛选耐高温菌种是发酵微生物研究的重要内容。嗜热微生物可以分为五大类：

耐热菌：最高45~55℃，最低<30℃。

兼性嗜热菌：最高50~65℃，最低<30℃。

专性嗜热菌：最适65~70℃，最低42℃。

极端嗜热菌：最高>70℃，最适>65℃，最低>40℃。

超嗜热菌：最高>113℃，最适80~110℃，最低>55℃。

嗜热菌最著名的是20世纪60年代末从美国怀俄明州黄石国家公园的温泉中分离到的水生栖热菌"Taq"(能在80℃下生长)，在深海火山口附近分离到的烟孔火叶菌(最适温度为105℃，最高温度为113℃，低于90℃即停止生长)，以及激烈火球菌"Pfu"(最适生长温度为100℃)。近年来，由"Pfu"产生的DNA聚合酶已取代了曾名噪一时的"Taq"酶，并使分子生物学中广泛用于DNA分子体外扩增的PCR技术(聚合酶链式反应技术)又向前迈进了一大步。

不同生物的温度上限一般有以下规律：a. 原核生物高于真核生物；b. 在原核生物中，古生菌高于真细菌；c. 非光能营养细菌高于光能营养细菌；d. 单细胞生物高于多细胞生

· 72 ·

物，构造简单的低等生物高于构造复杂的高等生物。

（2）低温与高温对微生物的影响

微生物在最适生长温度的生长速率最高，低温或高温都会对微生物造成影响。科研人员会在冰箱、液氮等低温环境下保存一些实验所需的微生物样品，这是基于微生物对低温耐受性较强的特点，低温虽然会使一部分微生物死亡，但大多数的微生物在低温条件下只是降低了代谢速度，菌体处于休眠状态，生命活力依然保存，一旦遇到适宜环境，即可再次恢复生长繁殖。大多数的微生物都能在$-70 \sim -20$℃的低温条件下存活，不同微生物的抗冰冻特性是不同的，球菌比革兰氏阴性杆菌具有较强的抗冰冻能力。在进行冰冻时，冷却速度的不同也会对微生物造成不同的影响，在低温冻结时细胞水分变成冰晶，冰晶对细胞膜会造成机械损伤，使膜内的物质外漏。如果冻结速冻缓慢，形成的冰晶大，对细胞的机械损伤大；若是快速冻结，则形成的冰晶较小，对细胞的损伤也小，因此采用快速冻结可以更好地对菌种进行冻结保存。在菌悬液中加入一些甘油、牛奶、保护剂等也有利于对菌种进行长期保存。

当温度超过微生物的最高生长温度范围时，微生物菌体蛋白质（如酶类）受热变性或凝固，会引起微生物的死亡。微生物对于热的耐受力因种类、发育阶段而异。前文所说的高温型微生物比其他类型的菌体更耐热，老龄菌比幼龄菌更耐热，有芽孢的细菌比无芽孢细菌更耐热，微生物的繁殖结构比营养结构更耐热。

微生物对热的耐受力还受所处环境条件的影响，如培养基及pH、水分、含菌量、热处理时间等物理化学因素。当培养基或环境中富含蛋白质时，就会在菌体周围形成一层蛋白质膜，从而提高耐热力。微生物的耐热性在偏酸或偏碱条件下较弱，酸性条件对耐热性的影响更大，所以在一些食品加工时，会加入醋酸、乳酸等酸类，提高食品酸度，来降低杀菌所需温度及时间。通常微生物在含水量小时的耐热力优于含水量大时，这与蛋白质在潮湿状态下加热变性速度比干燥状态下的加热变性速度更快有关，所以在同样温度时，湿热杀菌效果会比干热杀菌的效果要好。此外，含菌量高时的抗热性比含菌量低时强；热处理时间越短，抗热性越好。

2. 水分

微生物的生命活动离不开水。缺水会使微生物的代谢缓慢，严重时甚至会导致微生物死亡。生活中人们常会利用干燥条件保存一些物品，可见，人们早就发现了水分对于微生物的影响。水分的影响不仅指水分含量的影响，更重要的是水分活度（water activity，α_w）的影响。水分活度的概念是由澳大利亚微生物学家Scott于1953年首次提出，它是指自由水的含量，而通常人们说的水分含量是指自由水与结合水的总量。此后，随着相关研究的不断进行，人们发现与水分含量相比，水分活度更能影响微生物的生长。

（1）水分活度

水分活度是在相同温度、压力下，体系中溶液或含水物质的蒸气压与纯水的蒸气压之比，即：

$$\alpha_w = P_s / P_w = RH/100$$

式中　P_w——溶液或含水物质的蒸气压；

　　　P_s——纯水的蒸气压。

通常微生物生长的水分活度范围是 0.60~0.99。水分活度也同温度一样，有最适水分活度，不同微生物生长的最适水分活度不同，具体见表 6-1。

表 6-1　不同微生物生长的最适水分活度

微生物	最适 a_w	微生物	最适 a_w
一般细菌	0.91	嗜盐细菌	0.76
一般酵母菌	0.88	嗜盐真菌	0.65
一般霉菌	0.80	耐渗透压酵母	0.60

当水分活度低于微生物生长所需的最低水分活度时，微生物将脱水，甚至死亡。大多数微生物的最低水分活度为 0.60~0.70。

（2）渗透压

微生物细胞通常具有比周围环境高的渗透压，因而很容易从环境中吸收水分。除极端的生态条件以外，适合微生物生长的渗透压范围较广，低渗透压溶液除能破坏去壁的细胞原生质体的稳定性以外，一般不对微生物的生存带来威胁。高渗透压环境会使细胞原生质脱水而发生质壁分离，因而能抑制大多数微生物的生长。因此，可以用高浓度的盐或糖来加工蔬菜、肉类和水果等。常用的食盐浓度为 10%~15%，蔗糖为 50%~70%，某些微生物能在高渗透压环境中生活，称为耐高渗微生物，如海洋微生物需要培养基中有 3.5% 的 NaCl，某些极端嗜盐细菌能耐 15%~30% 的高盐环境。虽然自然界没有高糖的天然环境，但少数霉菌和酵母菌能在 60%~80% 的糖液或蜜饯食品上生长。

3. 氧气

根据微生物与氧气的关系，可将微生物划分为 5 类，即专性好氧微生物（aerobe）、微好氧微生物（microaerophile）、兼性厌氧微生物（facultative anaerobe）、耐氧微生物（aerotolerent anaerobe）和专性厌氧微生物（obligate anaerobe）。

专性好氧微生物也称专性好氧菌，是一种只能在有氧环境中才能生长繁殖的微生物，所需氧气分压大于 0.2Pa。这类微生物不能通过发酵作用产生能量，因此没有氧气就无法生存。专性好氧微生物的超氧化物歧化酶及过氧化氢酶含量均相对较多，绝大多数真菌和多数细菌、放线菌都是专性好氧菌，如醋杆菌属、固氮菌属、铜绿假单胞菌（俗称"绿脓杆菌"）和白喉棒杆菌等。

微好氧微生物也称微好氧菌，它所需的氧分压较小，在 0.01~0.03Pa，超氧化物歧化酶含量相对较多，无过氧化氢酶，如霍乱弧菌、氢单胞菌属、发酵单胞菌属和弯曲菌属。

兼性厌氧微生物也称兼性好氧微生物、兼性厌氧菌、兼性好氧菌，既能够在有氧条件下生存，也能在无氧条件下生存，具备两套氧化系统。它们在有氧时靠呼吸产能，无氧时则借发酵或无氧呼吸产能，其超氧化物歧化酶及过氧化氢酶含量均相对较多。许多酵母菌和不少细菌都是兼性厌氧菌。如酿酒酵母、地衣芽孢杆菌、脱氮副球菌以及肠杆菌科的各种常见细菌，包括大肠埃希氏菌、产气肠杆菌（旧称产气杆菌）和普通变形杆菌等。

耐氧微生物也称耐氧菌，虽然不能利用分子氧，但是分子氧并不会危害其生长，需要的氧分压小于0.02Pa。它们不具有呼吸链，仅依靠专性发酵和底物水平磷酸化而获得能量。耐氧的机制是细胞内存在较多超氧化物歧化酶和过氧化物酶（但缺乏过氧化氢酶）。乳酸菌多为耐氧菌，如乳酸乳杆菌、肠膜明串珠菌、乳链球菌和粪肠球菌等，非乳酸菌类耐氧菌如雷氏丁酸杆菌等。

厌氧微生物一般有厌氧菌与严格厌氧菌（专性厌氧菌）之分。特点是：a. 分子氧对它们有毒，即使短期接触也会抑制生长甚至致死；b. 在空气或含10% CO_2 的空气中，它们在固体或半固体培养基表面不能生长，只有在其深层无氧处或在低氧化还原势的环境下才能生长；c. 生命活动所需能量是通过发酵、无氧呼吸、循环光合磷酸化或甲烷发酵等提供；d. 细胞内缺乏超氧化物歧化酶和细胞色素氧化酶，大多数还缺乏过氧化氢酶。常见的厌氧菌有梭菌属、拟杆菌属、梭杆菌属、双歧杆菌属以及各种光合细菌和产甲烷菌等。其中产甲烷菌属于古生菌类，它们都属于极端厌氧菌。

在控制微生物时，要根据微生物不同的需氧类型采取相应的措施。例如，培养专性厌氧微生物时，应该排除环境中的氧；反之，若是培养专性好氧微生物，则应在培养过程中采用通气、振荡等方式，使培养基具有足够的氧。

4. pH

培养基或环境中的酸碱度对微生物的生命活动有着重要影响。大多数微生物能够在pH为1~11的范围内生长繁殖，但不同种类的微生物适应能力不同，有着各自特定的pH生长范围。根据微生物对pH适应能力的不同，可以将微生物分为嗜酸性微生物、耐酸性微生物、嗜中性微生物、嗜碱性微生物和耐碱性微生物5种。

嗜酸性微生物（或嗜酸菌）指最适生长pH通常小于或等于3，能够在强酸性环境下生长，在中性pH下即死亡的微生物。少数种类还可生活在pH<2的环境中，如硫杆菌属。许多真菌和细菌可生长在pH 5以下，少数甚至可生长在pH 2的环境中，但因为在中性pH下也能生活，故只能归属于耐酸微生物。专性嗜酸微生物是一些真细菌和古生菌，前者如硫细菌属，后者如硫化叶菌属和热原体属等。嗜酸热原体能生长在pH 0.5的酸性条件下，它的基因组的全序列已正式于2000年9月公布。嗜酸性微生物的细胞内pH仍接近中性，各种酶的最适pH也在中性附近。它的嗜酸机制可能是细胞壁和细胞膜具有排阻外来H^+和从细胞中排出H^+的能力，且它们的细胞壁和细胞膜还需高H^+浓度才能维持其正常结构。嗜酸菌可用于铜等金属的湿法冶炼和煤的脱硫等实践。

耐酸性微生物可以在偏酸条件下生长（通常pH小于5.5），如醋酸杆菌等。

嗜中性微生物的最适pH为5.5~8.0，如大多数细菌和原生动物。

嗜碱性微生物指能专性生活在pH 10~11的碱性条件下而不能生活在中性条件下的微生物，简称嗜碱菌。它们一般存在于碱性盐湖和碳酸盐含量高的土壤中，多数嗜碱菌为芽孢杆菌属，有些极端嗜碱菌同时也是嗜盐菌。嗜碱菌的一些蛋白酶、脂肪酶和纤维素酶等已被开发并添加在洗涤剂中。嗜碱菌的细胞质pH也在中性范围，有关嗜碱性的生理生化机制目前还很不清楚。

耐碱性微生物能够在偏碱性条件下生长，如若干链霉菌等。

与温度三基点相似，微生物的生长除了存在最适 pH，也存在最高 pH 及最低 pH，若环境中的 pH 低于微生物的最低 pH 或者超过最高 pH，微生物的生长将受到抑制或者死亡。一些微生物生长的 pH 范围见表 6-2。

表 6-2　一些微生物生长的 pH 范围

微生物种类	最低 pH	最适 pH	最高 pH
大肠杆菌	4.3	6.0~8.0	9.5
嗜酸乳杆菌	4.0~4.6	5.8~6.6	6.8
大豆根瘤菌	4.2	6.8~7.0	11.0
金黄色葡萄球菌	4.2	7.0~7.5	9.3
黑曲霉	1.5	5.0~6.0	9.3
一般放线菌	5.0	7.0~8.0	10.0
一般酵母菌	2.5	4.0~5.8	8.0

同一种微生物处在不同的生长阶段和不同的生理、生化过程时，也有不同的 pH 要求。例如，黑曲霉在 pH 为 2.0~2.5 的条件下发酵蔗糖，产物以柠檬酸为主，只产生少量草酸；当 pH 为 2.5~6.5 时就以菌体生长为主；而当 pH 升到 7 左右时则大量产生草酸，只产生少量柠檬酸。又如丙酮丁醇梭菌在 pH 为 5.5~7.5 范围时，以菌体生长繁殖为主，而在 pH 为 4.3~5.3 时范围时才会进行丙酮丁醇发酵。抗生素生产菌也有类似的情况，几种常见的抗生素产生菌的生长及发酵最适 pH 见表 6-3。由此可见，调节和控制 pH 可以改变微生物的代谢方向，以获得目的代谢产物。因此，在发酵生产中，pH 的控制对于提高生产效率尤为重要。

表 6-3　几种抗生素产生菌的生长及发酵最适 pH

抗生素产生菌	生长最适 pH	合成抗生素最适 pH
灰色链霉菌	6.3~6.9	6.7~7.3
红霉素链霉菌	6.6~7.0	6.8~7.3
产黄青霉菌	6.5~7.2	6.2~6.8
金霉素链霉菌	6.1~6.6	5.9~6.3
龟裂链霉菌	6.0~6.6	5.8~6.1
灰黄青霉	6.4~7.0	6.2~6.5

在生产中，还可以利用 pH 防止杂菌生长，如在生产食品和饮料时，加入柠檬酸作为防腐剂和酸味剂。

pH 在影响微生物生长方面，是通过影响细胞膜的透性、膜结构稳定性以及物质的溶解性等，进而影响营养物质的吸收，最终影响微生物的生长速率。环境 pH 不仅会影响微生物的生长速率，还会影响微生物的形态。例如，青霉在连续培养过程中，培养基的 pH 大于 6.0 时菌丝变短，当 pH 大于 6.7 时就形成菌丝球，而不再形成分散的菌丝。另一方面，微生物也会通过自身的代谢活动来改变所处环境的 pH。例如，许多细菌和真菌在分解培养基中的糖类和脂肪时,会产酸使环境 pH 下降。又如,具有尿酶的菌类分解尿素产氨,使环境变碱,pH 上升。

5. 化学因子

很多化学物质都能够对微生物产生抑制作用,甚至可以杀死微生物,如氧化剂、醇类、酚类、醛类、氧化剂、卤素及其化合物、重金属盐类等。化学物质的浓度不同,对微生物的影响也不同。有些化学物质能够在极低浓度时促进微生物生长发育,而超过一定浓度就会抑制微生物生长,过高浓度甚至会使微生物死亡。很多消毒剂就是通过化学物质的作用杀菌的。

三、微生物控制的相关术语

1. 灭菌

采用强烈的理化因素使任何物体内、外部的一切微生物永远丧失其生长繁殖能力的措施,称为灭菌。简单来说,灭菌就是杀灭或消除传播媒介上一切微生物的处理。灭菌的结果是无菌(无菌指不含任何活菌),广泛适用于培养基、医疗器械、医疗注射液等必须无任何微生物生存的物品。此外,很多工业生产及科学研究也需要在无菌的环境条件下进行。根据灭菌后细胞结构的状态,可将灭菌分为杀菌(bacteriocidation)和溶菌(bacteriolysis)两种情况,杀菌是指菌体虽死亡,但不破坏细胞结构,而溶菌则是不仅菌体死亡,细胞结构也被破坏。灭菌的方法主要分为物理方法和化学方法,将在本章第二节、第三节具体介绍。

2. 消毒

消毒是杀灭或消除传播媒介上病原微生物,使其达到无害化的处理。消毒是一种采用较温和的理化因素,只杀死物体表面或内部一部分对人体或动、植物有害的病原菌,而对被消毒对象基本无害的措施。也就是说,消毒的结果不是无菌,而是只杀死有害菌。生活中常见的消毒方法有热消毒法、紫外消毒法、化学消毒法等。

3. 防腐

防腐也称抑菌(bacteriostasis),是指采用化学或物理方法防止或抑制霉腐微生物生长繁殖的方法。如通过抑制作用防止食品、生物制品等对象发生霉腐的措施。同种化学药品在高浓度时为消毒剂,低浓度时常为防腐剂。

4. 消毒剂

消毒剂是指用于杀灭传播介质上的微生物,从而达到消毒或者灭菌要求的制剂。

5. 灭菌剂

灭菌剂是指能够杀灭所有微生物,从而达到灭菌要求的制剂。

6. 中和剂

中和剂是在微生物试验中，用来消除试验微生物与消毒剂的混悬液中和微生物表面上残留的消毒剂，使其失去对微生物的抑制和杀灭作用的试剂。常见的中和剂有：硫代乙醇酸钠、硫代硫酸钠、亚硫酸氢钠、酸、碱等，其可中和的消毒剂见表6-4。

表6-4 常见中和剂及其可中和的消毒剂

中和剂	可中和的消毒剂	中和剂	可中和的消毒剂
硫代乙醇酸钠	醛类消毒剂、汞制剂	碱	酸类消毒剂
硫代硫酸钠	含碘和氯气的消毒剂、过氧化氢、过氧乙酸	吐温80	醇类消毒剂、酚类消毒剂
亚硫酸氢钠	醛类消毒剂、酚类消毒剂	卵磷脂+吐温80	季铵盐类化合物、酚类消毒剂
酸	碱类消毒剂	卵磷脂+吐温80+硫代硫酸钠	复方消毒剂

7. 无菌保证水平

灭菌处理后单位产品上存在活微生物的概率，通常表示为1×10^{-n}。一般规定灭菌后微生物生长概率应不高于1×10^{-6}（即灭菌处理后，每件物品带菌的概率为$1/10^6$），工业上一般认为100万个处理对象中仅有一个带菌时可视为无菌。

第二节 物理消毒灭菌方法

物理消毒灭菌法是指利用物理因素如温度、超声波、微波、辐射、渗透压等杀灭或控制微生物生长繁殖的方法。根据控制的物理因素不同，可将物理消毒灭菌法分为高温灭菌法、辐射灭菌法、过滤除菌法以及其他类型的灭菌方法。

一、高温灭菌法

在所有消毒灭菌方法中，高温灭菌是一种应用最早、效果最可靠、使用最广泛的方法。高温可以灭活一切微生物，包括病毒、真菌、细菌繁殖体和抵抗力最强的芽孢。人类利用高温进行消毒、灭菌和防腐的历史非常悠久，古代人甚至原始人就已经懂得用火加热食物，防止其腐败变质。

温度是控制微生物的重要因素之一，高温能使菌体蛋白质、核酸、脂类等重要生物大分子发生凝固或变性失活，从而导致微生物的死亡。在实践中高温是最常用的灭菌方法，具有杀菌效应的温度范围较广。灭菌的彻底与否一般以是否杀死细菌的芽孢为标准。

利用高温进行杀菌的定量指标有两种：一是热致死时间（thermal death time）；二是热致死温度（thermal death temperature）。热致死时间是指在一定温度（一般为60℃）、一定条件下杀死所有某一浓度微生物所需要的最短时间。与它相关的概念还有十倍致死时间，即在一定的温度条件下微生物活菌减少90%所需的时间。热致死温度是指在一定时间内（一般为10min），杀死所有某一浓度微生物所需要的最低温度。

根据加热方式的不同，可以将高温灭菌法分为干热灭菌法和湿热灭菌法两类，又可以根据具体条件的不同分为火焰灭菌法、烘箱热空气灭菌法、巴氏消毒灭菌法等。

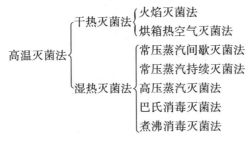

1. 干热灭菌法

干热灭菌法是指在干燥环境（如火焰或干热空气）杀死微生物，进行灭菌的方法。一般有火焰灭菌法和烘箱热空气灭菌法两种。干热灭菌法没有饱和水蒸气的参与，一般微生物的营养体在干燥状态下，80~100℃条件下约1h即可被杀死，而芽孢则需要在160~170℃条件下，约2h才会全部被杀灭。本法适用于干燥粉末、凡士林、油脂的灭菌，也适用于玻璃器皿（如试管、平皿、吸管、注射器）和金属器具（如测定效价的钢管、针头、镊子、剪刀等）的灭菌，具有简便易行的优点。

（1）火焰灭菌法

火焰灭菌法是指用火焰直接烧灼的灭菌方法，也称灼烧法，是最简单、最彻底的干热灭菌方法。通过将接种工具如接种环、接种针或其他金属用具等待灭菌物品直接放在火焰中灼烧，使所有生物有机质炭化。火焰灭菌法灭菌迅速、可靠、简便，适合于耐火焰材料（如金属、玻璃及瓷器等）物品与用具的灭菌或带病原菌的材料、动物尸体的烧毁等，但不适合药品等易被灼烧损坏的物品灭菌。

（2）烘箱热空气灭菌法

烘箱热空气灭菌法是指用烘箱内的高温干热空气使微生物细胞内的蛋白质凝固变性从而达到灭菌目的的方法。将待灭菌物品放入电热烘箱内，在150~170℃下维持1~2h后，可达到彻底灭菌（包括细菌的芽孢）的目的。一般微生物的营养体在100℃维持1h就会死亡，芽孢在160℃维持2h才会死亡。烘箱热空气灭菌法适用于一些要求保持干燥的实验器具和材料（如金属器械、洗净的玻璃或陶瓷器皿、药粉、固定细胞用的载体材料等）的灭菌。其优点是灭菌后物品干燥；缺点是需要花费时间较长，易损坏物品，并且不能用于液体样品的灭菌。

① 烘箱热空气灭菌法的具体操作过程

放入待灭菌物品　灭菌前先将玻璃器皿、金属用具用牛皮纸包好（不能用油纸包扎，以防着火），培养皿放入金属盒中，之后均匀放入电热烘箱内。摆放时要注意使用纸包扎的待灭菌物品不能紧靠烘箱内壁的铁板，以防包装纸被烤焦起火；物品也不要摆放过挤，一般不超过总容量的2/3，以免妨碍热空气的流通，致使烘箱内温度不均匀。

电热烘箱升温 接通电源，按下开关，指示灯亮；旋转烘箱顶部调气闸，打开排气孔，排除箱内冷空气和水汽；旋转恒温调节器逐渐升温，待电热烘箱内温度上升至100~105℃时，旋转调气闸，关闭排气孔。

电热烘箱恒温 继续加热，把烘箱温度调节到160℃，当灭菌物品用纸包扎或带有棉塞时，温度不能超过170℃，当达到所需温度时，借助恒温调节器的自动控制，保持恒温2h。如果灭菌材料体积过大，物品堆积过挤，则应适当延长灭菌时间。

电热烘箱降温 灭菌结束，切断电源。在烘箱温度没有降到60℃之前，不要打开烘箱，以免玻璃器皿破裂。

取出灭菌物品 待温度降至60℃以下，打开烘箱门，取出灭菌物品。灭菌后的器皿使用前再打开包装，以免被空气中的微生物污染。

②注意事项 在使用烘箱热空气灭菌法时，要注意以下几点：a. 在进行灭菌前，需要对灭菌对象进行包装，以保证取出使用时器材仍然处于无菌状态。b. 灭菌过程中，温度不能上升或下降得过急。c. 一旦发现烘箱内有焦味，应立即切断电源，将进气孔、排气孔关闭，待其自行降温到60℃以下时，才能打开箱门处理。切勿在未断电前打开箱门或打开气孔，否则会促进燃烧引发更大的事故。d. 当烘箱温度在60℃以上时，切勿随意打开箱门。e. 取出灭菌物品时，小心不要碰断顶部的温度计。如果不慎将温度计打破，要立即切断电源，用硫黄铺撒在被水银污染的地面和仪器上清除水银，防止水银蒸发中毒。

2. 湿热灭菌法

每种微生物都有一定的最适生长温度范围以及能够生存的最低温度与最高温度，当微生物处于最低温度以下时，代谢作用几乎停止而处于休眠状态；当温度高于最高限度时，微生物细胞中的原生质体和酶的基本成分——蛋白质发生不可逆变化，即凝固变性，微生物在很短时间内死亡。湿热灭菌就是根据微生物的这种特性而进行的，一般无芽孢的细菌在60℃以下经过10min即可全部杀灭，而有芽孢的细菌则能够经受较高的温度，在100℃下要经过数分钟至数小时才会被杀死。某些嗜热菌能在120℃下耐受20~30min，但这种菌在培养基中出现的机会不多。一般灭菌的彻底与否以能否杀死有芽孢的细菌为标准。湿热灭菌法主要用于培养基的灭菌。微生物的种类与数量，培养基的性质、浓度与成分，以及灭菌温度与时间都会影响到湿热灭菌的效果。

湿热灭菌主要通过加热煮沸或饱和热蒸汽杀灭微生物。由表6-5可见，在相同的温度下，湿热灭菌的效果比干热灭菌好。原因主要有三点：一是当细胞内蛋白质含水量高时，更容易凝固变性（表6-6），当蛋白质含水量为50%时，30min内凝固所需温度为56℃；当含水量为25%时，30min内凝固所需温度为74~80℃；而含水量为0%时，30min内凝固所需温度为160~170℃。二是高温蒸汽对蛋白质有更大的穿透力（表6-7），从而加速蛋白质变性而使菌体迅速死亡。三是湿热蒸汽有潜热的存在，1g水蒸气在100℃时，由气态变为液态可放出2253J的热量，从而可提高被灭菌物体的温度，进而增加灭菌效力。

表 6-5　干热灭菌与湿热灭菌的致死时间比较

细菌种类	干热 90℃	湿热 90℃	
		相对湿度为 20%	相对湿度为 80%
痢疾杆菌	3h	2h	2min
伤寒杆菌	3h	2h	2min
葡萄球菌	8h	2h	2min
白喉棒杆菌	24h	2h	2min

表 6-6　蛋白质含水量与凝固温度的关系

蛋白质含水量(%)	蛋白质凝固温度(℃)	灭菌时间(min)
0	160~170	30
25	74~80	30
50	56	30

表 6-7　干热灭菌与湿热灭菌的穿透力比较

灭菌方法	温度(℃)	时间(h)	布层温度(℃)		
			20 层	40 层	100 层
干热灭菌法	130~140	4	85	72	70 以下
湿热灭菌法	105	3	102	102	101.5

常用湿热灭菌法有常压蒸汽间歇灭菌法、常压蒸汽持续灭菌法、高压蒸汽灭菌法、巴氏消毒灭菌法、煮沸消毒灭菌法等。

(1) 常压蒸汽间歇灭菌法

此法是在常压条件下,在不能密闭的容器内进行灭菌的操作。在不具备高压蒸汽灭菌条件的情况下,常压蒸汽灭菌是一种常用的灭菌方法。此外,不宜高压蒸煮的物质,如糖液、牛乳、明胶等,可采用常压蒸汽灭菌。常压蒸汽温度不超过100℃,大多数微生物能被杀死,但有芽孢的细菌却不能在短时间内死亡,因此可以采取间歇灭菌方法杀死有芽孢的细菌,实现完全灭菌。

常压蒸汽间歇灭菌法是用流通蒸汽反复灭菌的方法。灭菌时将待灭菌的培养基或物品放入常压灭菌器内,通常加热温度为100℃,加热时间为30~60min,每日灭菌一次,每次灭菌后,将灭菌的培养基或物品放在37℃条件下培养,促使芽孢发育成为营养体,以便在连续灭菌中将其杀死,经过2次培养3次反复蒸煮,即可实现完全灭菌。该法适用于不耐热的物品如培养基的灭菌,它对设备的要求低,不需要加压灭菌锅,但缺点是花费时间较长,操作复杂。例如,培养硫细菌的含硫培养基就可采用本法灭菌,因其内所含元素硫在99~100℃下可保持正常结晶形,若用121℃高压法灭菌,就会引起硫的熔化。

(2) 常压蒸汽持续灭菌法

常压蒸汽温度不超过100℃,有芽孢的细菌不能在短时间内死亡,除了采取间歇灭菌方法外,还可以采用持续灭菌的方法将其杀死,实现完全灭菌。从蒸汽大量产生开始继续加大火力保持充足蒸汽,持续加热8~10h,能够杀死绝大部分芽孢和全部营养体,达到灭菌目的。

(3)高压蒸汽灭菌法

①灭菌原理 高压蒸汽灭菌法是实验室和工业中常用的灭菌方法,该法适用于一切耐高温、耐蒸汽的物品灭菌。其优点是操作简便、效果可靠,是应用最广、最有效的灭菌手段。高压蒸汽灭菌是在高压蒸汽锅内进行的,有立式和卧式两种,原理相同。高压蒸汽灭菌法不是利用压力进行灭菌,而是利用加压的方式提高温度来灭菌。将待灭菌的物品放在一个密闭的高压蒸汽灭菌锅内,通过加热使灭菌锅隔套间的水沸腾而产生水蒸气。待水蒸气急剧地将锅内的冷空气从排气阀中驱尽后,关闭排气阀,继续加热,此时由于蒸汽不能溢出,压力增高,从而使水的沸点也随着上升(高于100℃),导致菌体蛋白质凝固变性而达到灭菌的目的。

高温蒸汽灭菌一般采用103.42kPa的压力,121.1℃处理15~30min,也可以采用较低温度(115℃)维持30min左右,以达杀菌目的。高温蒸汽灭菌常用于耐热培养基各种缓冲液、玻璃器皿、生理盐水、耐热药品、纱布、采样器械等的灭菌。

②高压蒸汽灭菌的操作过程

材料灭菌前的准备与包扎 典型微生物实验操作中常需要用到的物品有无菌试管(内装有合适量的培养基或其他液体)、移液管、培养皿等。与烘箱热空气灭菌法类似,待灭菌的物品也需要经过包装才能放入灭菌锅内。

无菌试管的准备:在试管内盛以适量的培养基(或蒸馏水、生理盐水),盖好试管塞(棉塞或硅胶塞),包上牛皮纸。通常操作中以5~7支试管为一组进行包扎。制作的棉塞不宜过紧或过松,塞好后以手提棉塞试管不下落为准。棉塞的2/3塞在试管内,1/3在试管外。棉塞应紧贴试管壁,不留缝隙,以防外界微生物从缝隙侵入。

培养皿的准备:培养皿由一底一盖组成一套,包扎前洗涤干净,晾干或烘干,用报纸将几套培养皿包成一包(通常是6套为一组),或将几套培养皿直接置于特制的铁质筒内,灭菌备用。

移液管的准备:先在移液管的上端塞入一小段棉花(一般不用脱脂棉),目的是避免外界杂菌吹入管中。塞棉花时可用一根针(如拉直的曲别针)辅助。棉花要塞得松紧适宜,以吹时能通气而棉花不下滑为准,塞入的此小段棉花距管口0.5cm左右,长度1~1.5cm。将报纸裁成宽约5cm的长条,再将已塞好棉花的移液管尖端放在长条报纸的一端,二者约成30°角,折叠纸条包住尖端,左手握住移液管身,右手将移液管压紧,在桌面向前搓转,以螺旋式将移液管包扎起来,上端剩余纸条部分折叠打结。如果一次需用多支移液管,也可以不包扎,尖端朝内放入垫有棉花的铁桶内,盖上盖灭菌备用。

灭菌操作

加水:打开灭菌锅盖,向锅内加入适量的水。不同高压蒸汽灭菌锅加水的方法不同,在使用前应阅读说明书。

放入待灭菌物品:注意不要装得太挤,以免妨碍蒸汽流通而影响灭菌效果。锥形瓶与试管口端均不要与灭菌桶壁接触,以免冷凝水顺壁流入灭菌物品。

加盖：将盖上的排气软管插入内层灭菌桶的排气槽内，有利于锅内冷空气自下而上排出，再以两两对称的方式同时旋紧相对的两个螺栓，使螺栓松紧一致，勿使漏气。

排放锅内冷空气及升温灭菌：打开排气阀，加热（用电加热或煤气加热或直接通入蒸汽），至锅内开始产生蒸汽后3min（或喷出气体不形成水雾），此时锅内的冷空气已经由排气阀排尽，再关紧排气阀，锅内的温度随蒸汽压力增加而逐渐上升。当锅内压力升到所需压力时，控制热源，维持压力和温度至所需时间。一般培养基控制在0.1MPa、121.3℃灭菌20min，含糖等成分的培养基控制在0.056MPa灭菌30min，或0.07MPa灭菌20min。到达灭菌所需时间后，关闭热源，停止加热，灭菌锅内压力和温度开始逐渐下降。

灭菌完毕处理：当压力表的压力降至0时，打开排气阀，旋松螺栓，开盖，取出灭菌物品。

无菌试验　抽取少量灭菌培养基放入37℃温箱培养24~48h，若无杂菌生长，即可视为灭菌彻底，可保存待用。

③高压蒸汽灭菌注意事项　a. 灭菌时操作人员不能离开工作现场，以控制热源维持灭菌时的压力。若压力过高，不仅培养基的成分被破坏，而且超过高压锅耐压范围易发生爆炸，造成伤人事故。b. 使用该法灭菌时，注意关闭排气阀前灭菌锅内不应留有空气，否则灭菌锅内温度将达不到预期的温度，影响灭菌效果。要检验灭菌锅内空气是否排尽，可采用多种方法。最好的办法是在灭菌锅上同时装上压力表和温度计。也可以将待测气体通过橡胶管引入深层冷水中，如果只听到"噗噗"声而未见有气泡冒出，可证明灭菌锅内已是纯蒸汽了。此外，还有一些方法能在灭菌后才知道当时的灭菌温度是多少。例如，在灭菌的同时，加入耐热性较强的试验菌种嗜热脂肪芽孢杆菌，经培养后，观察它是否被杀死；还可以加入硫黄（熔点115℃）、乙酰替苯胺（熔点116℃）、脱水琥珀酸（熔点120℃）等结晶，看其是否熔化，等等。c. 灭菌完毕应缓慢地放气减压，以免被灭菌物品内液体突然沸腾，弄湿棉塞或冲出容器。当压力降到0时才能打开灭菌锅的盖子。d. 灭菌后的物品即使不立即使用，也要拿出来在灭菌锅外放置保存。e. 若连续使用灭菌锅，每次要注意补充水分，以保证灭菌效果。灭菌完毕后，需要排放灭菌锅内剩余水分，保持灭菌锅干燥。f. 高压灭菌法使用范围也有一些限制，如不耐高温的塑料制品、橡胶制品，不耐热的玻璃制品、化学药品以及易燃的脂肪和油类等，均不能利用高压蒸汽灭菌法灭菌。

④影响灭菌效果的因素

灭菌物品含菌量　灭菌物品含菌量越高，杀死最后一个微生物细胞所需要的时间就越长。在实践中，由天然原料尤其是麸皮等植物原料配制成的培养基，一般含菌量较高，而用纯粹的化学试剂配制成的合成培养基的含菌量较低，所以灭菌的温度和时间也应有差别。含菌量与灭菌时间的关系见表6-8。

表6-8　含菌量与灭菌时间的关系

芽孢数目（个/mL）	100℃下灭菌时间（min）	芽孢数目（个/mL）	100℃下灭菌时间（min）
$1.0×10^8$	19	$2.5×10^7$	12
$7.5×10^7$	16	$1.0×10^6$	8
$5.0×10^7$	14	$1.0×10^5$	6

灭菌锅内空气排除程度　高压蒸汽灭菌法的原理是在驱尽锅内空气的前提下，通过加热把密闭容器中纯水蒸气的压力升高，使蒸汽温度相应提高。即高压蒸汽灭菌是依靠温度而不是压力来达到灭菌目的的，因此灭菌时必须预先排尽灭菌锅内的冷空气，不同空气排出程度下高压蒸汽灭菌锅内温度与压力的关系见表6-9。

表6-9　不同空气排出程度下高压蒸汽灭菌锅内温度与压力的关系

压力(MPa)	全部冷空气排出时的温度(℃)	1/2冷空气排出时的温度(℃)	冷空气未排出时的温度(℃)
0.035	109.0	94	72
0.070	115.5	105	90
0.105	121.5	112	100
0.141	126.5	118	109
0.176	131.5	124	115
0.200	134.6	128	121

灭菌对象的pH　对灭菌效果有较大的影响，见表6-10。pH为6.0~8.0时，微生物不易死亡；pH<6.0时，最易引起微生物死亡。

表6-10　pH对灭菌时间的影响

温度(℃)	芽孢数目(个/mL)	灭菌时间(min)			
		pH=6.1	pH=5.3	pH=5.0	pH=4.7
120	1.0×10^4	8	7	5	3
115	1.0×10^4	25	12	13	13
110	1.0×10^4	70	65	35	30
100	1.0×10^4	740	720	180	150

灭菌对象的体积　会影响热的传导速率，进而影响灭菌的效果。盛放培养液的玻璃器皿的体积大小对灭菌效果的影响甚为明显（表6-11），因此，在实验室工作中，在高压蒸汽灭菌锅内进行大容量培养基的灭菌时要注意选择灭菌时间，不能使用常规大小体积器皿灭菌所需的时间。

表6-11　不同体积的容器在高压蒸汽灭菌锅内的灭菌时间

容器	体积(mL)	在121~123℃下所需的灭菌时间(min)
锥形瓶	50	12~14
锥形瓶	200	12~15
锥形瓶	500	17~22
锥形瓶	1000	20~25
锥形瓶	2000	30~35
血清瓶	9000	50~55

(4)巴氏消毒灭菌法

巴氏消毒灭菌法是一种低温消毒灭菌方法,此法因由法国微生物学家巴斯德发明而得名。具体方法有两种:一种是低温维持法(LTH),即62℃下维持30min;另一种是高温瞬时法(HTST),即72℃下维持15~30s。具体温度和时间根据不同物品的形状及试验决定。因某些物品在高温下其营养成分或质量会受到较大影响,因此该法可用于不适于高温灭菌的食品,如牛乳、酱腌菜类、酱油、果汁、啤酒、果酒和蜂蜜等,其主要目的是杀死其中无芽孢的病原菌(如牛奶中的结核杆菌或沙门氏杆菌),而又不影响食品的营养与风味,是目前世界上最先进的牛奶消毒方法之一,市场上保质期较短的牛奶多为采用巴氏消毒法消毒的牛奶,它们的营养价值与鲜牛奶差异不大,营养成分能够较为理想地保存,B族维生素的损失仅为10%左右,但是一些生理活性物质可能会失活。

(5)煮沸消毒灭菌法

在标准大气压下,于100℃的沸水中加热15~30min可杀死细菌的全部营养体和部分芽孢,要杀死全部芽孢则需要煮沸2h左右。若在水中加入1%~2%的碳酸氢钠或者2%~5%的苯酚,能够增强杀菌作用,灭菌效果会更好。煮沸消毒灭菌法操作比较简单,适用于毛巾、注射器、解剖用具等的消毒,缺点是灭菌的物品会被水浸湿,因此在使用上有一定的限制。

二、辐射灭菌法

辐射灭菌法是利用电磁辐射产生的电磁波杀死大多数物质上的微生物的一种有效方法。辐射包括非电离辐射(包括紫外线、日光、微波等)和电离辐射(如X射线、γ射线等),它们都能通过特定的方式控制微生物的生长或杀死它们。

1. 非电离辐射

(1)紫外线

紫外线是一种低能量的短光波,其波长范围是10~400nm,其灭菌效果与波长有关,以260nm左右的紫外线灭菌力最强,这与微生物DNA的吸收光谱范围一致。其灭菌机制主要是诱导菌体的DNA分子中相邻的嘧啶形成嘧啶二聚体,抑制DNA复制与转录等功能,轻则导致菌体变异,重则使其死亡。

紫外线穿透力很弱,虽能穿透石英,但普通玻璃、尘埃、水蒸气、纸张等均能阻挡紫外线,故只能用于手术室、传染病房、无菌制剂室、微生物接种室、菌种培养室、药厂等环境的空气消毒,也可用于不耐热物品的表面消毒。

紫外灯是人工制造的低压水银灯。辐射出的紫外线波长主要为253.7nm,杀菌能力较强且较稳定。在实际使用中,一般无菌操作室内,一支30W的紫外灯可以用于15m^2的房间照射灭菌,30min左右可杀死空气中的微生物,其灭菌效果受光源的强度、被照物的距离、照射时间、湿度等因素影响。紫外灯的灭菌效果随使用时间的延长而降低,应适时更换。一般紫外灯的寿命大于6000h。紫外线对真菌的作用效果较差,可配合化学消毒灭菌法使用。因为紫外线对人的皮肤、眼睛及视神经有损伤作用,并可使空气中产生臭氧,所以在有人要操作时应将紫外灯关掉。若一定需要在紫外灯下工作,应避免直视灯管,并采取必要的防护手段。

(2) 日光

直射日光是天然的灭菌因素，日光暴晒是常用的最简便经济的消毒方法。日光的杀菌作用主要是通过其中的紫外线实现的，其作用受到许多因素的影响，如空气中的尘埃、水蒸气等都能减弱日光的杀菌能力，因此，日光暴晒只能作为辅助的消毒手段。在日常生活中，可以将被褥、衣服、发霉的书本等物品置于烈日下暴晒3~6h，并时常翻动，在干燥及日光中紫外线的作用下，可以杀死其中的大部分微生物，进而达到消毒的效果。

(3) 微波

微波是指频率在300~30 000MHz的电磁波，它主要是通过产热(物质中的偶极分子如水产生高频运动)使被照物品的温度升高，产生杀菌作用。微波产生热效应的特点是穿透力强于紫外线(可以透过玻璃、塑料薄膜及陶瓷等介质，但不能穿透金属)、加热均匀、热利用率高、加热时间短等，常用于对非金属器械的消毒，如实验室、食用器具、酒类消毒和培养基灭菌等。

2. 电离辐射

电离辐射是一种光波短、穿透力强、对微生物有很强致死作用的高能电磁波。能引起电离辐射的主要射线有X射线、γ射线等。它通过直接或间接的电离作用，使微生物体内的大分子发生电离或者激发，也可使体内的小分子电离产生多种自由基，从而导致菌体损伤甚至死亡。目前电离辐射的灭菌工艺已经达到工业化水平。

电离辐射法适用于生物制品、中药材、塑料制品等不耐热物品的消毒灭菌，又称作冷灭菌，还常用于农业方面的诱变育种、果蔬保鲜、粮食贮藏，以及医疗的X射线透视、对肿瘤的照射治疗等。电离辐射灭菌设备费用高，需要专门的技术人员操作管理，使用范围有限。由于经过辐射后物品中仍有部分射线残留，故该方法在安全性方面尚存在一些问题。商业上大量物品灭菌使用的放射性源^{60}Co和^{137}Se，它们放射出γ射线，相对而言比较廉价。表6-12为γ射线辐射与β射线辐射的比较。

表6-12　γ射线辐射与β射线辐射的比较

对比项目	γ射线辐射	β射线辐射
穿透	深	浅
持续处理	能	否
灭菌所需时间	长(约48h)	短(数秒)
物品大小	大小均可	小型物品
设施	占地大	占地小
安全设备	要求严格	较宽松

三、过滤除菌法

过滤除菌法是利用滤器机械地滤除液体或空气中细菌的方法，即含菌液体或气体通过细菌滤器，使杂菌留在滤器或滤板上，从而去除杂菌。最早的空气过滤器是由两层滤板组成的容器，中间填充有棉花、活性炭、玻璃纤维或石棉。空气通过此滤器，可以达到除菌的目的。后来经过改进，在两层滤板之间放入多层滤纸或滤膜，极大程度缩小了过滤器的体积。当前又出现了金属烧结管空气过滤器。滤板材料有玻璃、陶瓷、石棉等，目前最常用的是硝酸纤维素或醋酸纤维素制成的滤膜。

由于过滤介质孔径小，一般为 0.2~0.45gm，流体中的细菌被截留在介质上，从而获得无菌滤液或无菌空气。但微孔结构不是阻碍微生物通过的唯一因素，微生物携带的电荷及溶液性质等也会影响过滤的效果。

过滤除菌法适用于既不耐热也不能以化学方法处理的液体或气体，如对含有抗生素、维生素、酶、动物血清、毒素、病毒等的溶液及细胞培养液的灭菌可利用此方法。实验室中超净工作台和无菌室的空气、发酵过程通入的供氧空气的灭菌，也可以使用过滤除菌法。过滤除菌法也有一定的局限性，滤器不能滤去病毒、支原体以及 L 型细菌等小颗粒微生物。

过滤除菌法的滤菌器种类很多，如滤膜过滤装置、烧结玻璃板过滤器、石棉板过滤器、素烧瓷过滤器和硅藻土过滤器等，实验室常用察氏滤器、玻璃过滤器、薄膜过滤器等。

以薄膜过滤器为例，介绍液体过滤除菌的具体操作过程。a. 过滤器检查。实验前应检查过滤器是否存在裂痕。b. 清洗。过滤器应在流水中彻底洗净。c. 灭菌。洗净晾干的过滤器安装好后进行包装。分装滤液的试管、锥形瓶(均带棉塞)和其他辅助用具单独用牛皮纸包好。上述物品于 115℃灭菌 1h，烘干备用。d. 抽滤。在超净工作台上，将待过滤液体注入过滤器内，打开真空泵。待过滤液将要滤完时，使真空泵与集液瓶分离，停止抽滤，关闭真空泵。e. 取出滤液。在超净工作台上松动集液瓶口的橡皮塞，迅速将瓶中滤液导入无菌锥形瓶或无菌试管内。f. 无菌检查。将转入无菌试管或无菌锥形瓶中的滤液放在 37℃恒温箱中培养 24h，若无菌生长，可保存备用。

如果需过滤的液体体积不大，可用实验室简易除菌滤器进行操作。将过滤膜放在筛板上，旋紧上、下过滤器，用牛皮纸包装后，121℃下进行高压蒸汽灭菌处理 20min。用无菌注射器直接吸取待过滤液，在超净工作台上将此溶液注入过滤器上导管，溶液经过过滤膜、下导管慢慢流入无菌试管内，过滤完后加盖棉塞。

过滤除菌操作中需要注意以下几点：过滤前要检查过滤装置的密闭性，防止因过滤装置有裂痕等造成灭菌失败；过滤速度要适当；要进行无菌检查，防止因灭菌不彻底影响正常使用。

四、其他类型的灭菌方法

1. 超声波灭菌法

超声波是一种高频率的声波，其振动频率在 20MHz/s 以上，具有强烈的生物学作用。超声波通过引起微生物细胞破裂、内含物溢出而杀死微生物。在用超声波处理时，会产生热能使溶液温度升高。超声波作用的效果与频率、处理时间、微生物种类、细胞大小、形状及数量等有关，一般频率高比频率低杀菌效果好，病毒和细菌芽孢具有较强的抗性，特别是芽孢。

2. 渗透压灭菌法

大多数微生物适于在等渗的环境生长，若置于高渗溶液（如20%NaCl）中，水将通过细胞膜进入细胞周围的溶液中，造成细胞脱水而引起质壁分离，使细胞不能生长甚至死亡；若将微生物置于低渗溶液（如0.01%NaCl或水）中，外环境中的水从溶液进入细胞内引起细胞膨胀，甚至破裂致死。一般微生物不能耐受高渗透压，因此，食品工业中利用高浓度的盐或糖保存食品，如腌渍蔬菜、肉类及果脯蜜饯等，糖的浓度通常在50%~70%（制成果脯、蜜饯等），盐的浓度为10%~50%（腌制鱼、肉等）。由于盐的分子质量小，并能电离，在二者百分浓度相等的情况下，盐的保存效果优于糖。但有些微生物耐高渗透压的能力较强，如发酵工业中的鲁氏酵母。另外，嗜盐微生物（如生活在含盐量高的海水、死海中的微生物）可在15%~30%的盐溶液中生长。

3. 干燥灭菌法

水分对维持微生物的正常生命活动是必不可少的。干燥能够造成微生物失水，代谢停止以致死亡。因此，日常生活中对于药材、食品、粮食等物品，通常应用自然干燥、烤、烘干等方法保存，使之失去水分，导致微生物生命活动停止。不同的微生物对于干燥的抵抗力不一样，以细菌的芽孢抵抗力最强，霉菌和酵母菌的孢子也具较强的抵抗力，次之为革兰氏阳性球菌、酵母的营养细胞、霉菌的菌丝。影响微生物对干燥抵抗力的因素较多，干燥时温度升高，微生物容易死亡；微生物在低温下干燥时抵抗力强，因此，干燥后存活的微生物若处于低温下，可用于保藏菌种；干燥的速度快，微生物抵抗力强，缓慢干燥时，微生物死亡多；如果细菌有其他有机物的保护，可以增强其抗干燥能力。用浓盐液或糖浆处理药物或食品，使细菌体内水分逸出，造成生理性干燥，也是长久保存物品的方法之一。

4. 等离子体灭菌法

等离子体是物质的第四存在状态，是由气体高度电离产生，含离子、电子和未经电离的中性粒子，对微生物有良好的杀灭作用。目前有过氧化氢等离子体灭菌装置和过氧乙酸等离子体灭菌装置。这类设备可用于处理金属与塑料器材的灭菌，但不适用于纺织品和液体。

第三节　化学消毒灭菌方法

化学消毒灭菌是指用化学药品来杀死或抑制微生物的生长繁殖。应用于消毒灭菌的化学药品简称消毒剂或防腐剂。能迅速杀灭病原微生物的药物，称为消毒剂；能抑制或阻止微生物生长繁殖的药物，称为防腐剂。但一种药物的作用是杀菌还是抑菌，常不易严格区分，消毒剂在低浓度时有抑菌作用（如0.5%苯酚），而防腐剂在高浓度下也能杀菌（如1：

1000硫柳汞)。由于消毒剂或防腐剂没有选择性,因此对一切活细胞都有毒性,不仅能杀死病原体,同时对人体组织细胞也有损害作用。因此,消毒剂只限外用,如用于体表(皮肤、黏膜、浅表的伤口等)以及物品、器械、食具和周围环境的消毒。化学消毒剂常以液态或气态的形式液态消毒剂一般是通过喷雾、浸泡、洗刷、涂抹等方法使用,气态消毒剂通常是以加氧化、焚烧等方法进行。

一、消毒防腐剂的特性

1. 理想消毒防腐剂应具备的条件

为了能够杀死或抑制微生物的生长繁殖,达到更好的消毒灭菌效果,理想的消毒剂应该具备以下几个特点:a. 杀灭微生物范围广、作用快、穿透力强;b. 易溶于水,性质稳定不易分解,无色、无特殊刺激性气味;c. 无毒性,对机体组织和被消毒物品的损伤程度小;d. 有效浓度低,消毒后易除去;e. 不易受有机物、酸、碱及其他物理或化学因素的影响;f. 使用安全,不易燃,不易爆,价格低廉,便于运输保管。

2. 消毒防腐剂的抗微生物作用原理

消毒防腐剂的种类很多,作用原理也不一样,一般来讲,有以下几种方式:a. 使微生物蛋白质变性或者凝固发生沉淀,或与蛋白质结合形成盐类。如重金属离子能与菌体蛋白质结合,使之变性。又如,酒精能与菌体蛋白质或氨基酸结合,使其发生脱水而凝固。b. 使微生物细胞成分氧化、水解。c. 干扰和破坏细菌酶的活性,影响细菌的新陈代谢。如高锰酸钾和过氧化氢均可与酶蛋白中的巯基(—SH)结合,使酶失去活性,导致细菌的代谢机能发生障碍而死亡。d. 改变或降低细菌的表面张力,增加细胞膜的通透性,使菌体内物质外渗,导致细胞破裂。如低浓度的来苏尔等酚类化合物,能破坏细胞膜,导致细胞内物质外渗或漏出,最后死亡。

二、表面消毒剂

化学表面消毒剂的种类很多,常见的有以下 10 类,常见消毒剂的种类、浓度、作用机制及用途见表 6-13。

1. 重金属盐类

重金属离子具有很强的杀菌效力,其中尤以汞离子(Hg^{2+})、银离子(Ag^+)和铜离子(Cu^{2+})最强,重金属离子进入细胞后主要与酶或蛋白质上的巯基结合而使之失活或变性。此外,微量的重金属离子还能在细胞内不断累积并最终对生物发生毒害作用,即微动作用。

汞化合物包括氯化汞($HgCl_2$)、氯化亚汞(Hg_2Cl_2)、氧化汞(HgO)和有机汞。无机汞具毒性、腐蚀性,杀菌的作用受有机物的钝化,一般不用于生物体和生物制品的消毒。有机汞常用作医疗卫生或伤口表面消毒剂,如红汞(或汞溴红)、硫柳汞等。银化合物中比较常用的是硝酸银,蛋白银是蛋白质与银或氧化银制成的胶体银化物,可用作消毒剂和植物杀虫剂。铜化合物中应用最多的是硫酸铜，1mg/L 的硫酸铜就足以防止藻类在清洁水体中生长。按一定比例将硫酸铜($CuSO_4$)和生石灰(CaO)的混合液配制成的波尔多液在农业上用于防治细菌性病害。

2. 酚类

酚类化合物是医学上普遍使用的一种消毒剂。其作用主要是损伤微生物的细胞质膜，钝化酶和使蛋白质变性。使用最早的是苯酚（石炭酸），由于它具有难闻的气味并且对皮肤有刺激性，因此很少在临床作消毒剂用。但酚系数仍被广泛用作比较化学药剂杀菌效率的标准。苯酚系数/酚系数是指在一定时间内，被试药剂能杀死全部供试菌的最高稀释度与达到同效的苯酚的最高稀释度之比。苯酚的衍生物（如甲酚、间苯二酚和六氯苯酚等）具有较强的杀菌作用和较少的刺激性。煤酚皂（俗称来苏尔）是甲酚和肥皂的混合液，常用3%~5%的浓度来消毒桌面、用具等。

3. 醇类

能通过溶解细胞膜中的类脂而破坏膜结构并使蛋白质变性，还能使细胞脱水，但对芽孢和无包膜病毒的杀菌效果较差。目前应用最为广泛的是乙醇，以70%~75%的浓度灭菌力为最强，浓度过高时使菌体表面蛋白质变性形成沉淀而阻止乙醇进入菌体，浓度过低则不引起应有的作用。乙醇中加入稀酸、稀碱或有碘存在时可加强其效力，若与其他杀菌剂混合使用可大大增强试剂的杀菌能力，如碘酊（含1%碘）是常用的皮肤表面消毒剂。异丙醇的杀菌效力稍高于乙醇并具有较低的挥发性，也是常用的皮肤和用具表面消毒剂。

4. 酸类

有机酸能破坏细胞膜，抑制微生物（尤其是霉菌）的酶和代谢活性，常加在食品、饮料或化妆品中以防止霉菌等微生物的生长。山梨酸及其钾盐经常用于酸性食品（如乳酪）的保存，苯甲酸及其钠盐常用于其他酸性食品和饮料中，苯甲酸的同系物帕拉宾可用于液体化妆品和肥皂的抑菌，丙酸钙用于防止霉菌在面包中生长，水杨酸可用于治疗脚癣和作防腐剂，硼酸可用作洗眼剂，乳酸和醋酸可加热蒸发用于手术室的空气消毒。

5. 醛类

醛类能破坏蛋白质中氨基酸的多种基团、氢键或氨基而使其变性，37%~40%的甲醛水溶液称为福尔马林，加热后易挥发，常用于保存生物标本和空气消毒，在高浓度下也可杀死芽孢。其缺点是对眼睛及黏膜组织有刺激作用，穿透性能差，作用慢，并具有人们不喜欢的气味。工厂和实验室常用甲醛熏蒸进行空间消毒，熏蒸后用氨水中和气味。戊二醛具有较小的刺激性和异味，用浓度2%、pH 约为8 的偏碱性溶液可以在10min 内杀死细菌、结核分枝杆菌和病毒，在3~10h 内杀死细菌芽孢，是目前杀菌效力较高的一种化学药剂，常用于医用器械和用具的消毒。

6. 气态消毒剂

气态消毒剂是在使用时为气体状态的消毒剂。用于灭菌的气态消毒剂有环氧乙烷、甲醛、臭氧、过氧化氢、过氧乙酸、二氧化氯等。目前使用最多的是环氧乙烷和甲醛。环氧乙烷能使有机物烷化、酶失活,是目前广泛应用的一种空气及器械表面消毒剂,而且穿透能力强,可在 4~18h 内杀死细菌与芽孢、病毒、真菌等微生物。使用气态消毒剂是种不需加热的有效杀菌方式,尤其适用于不能经受高温灭菌的物品(如塑料、注射器、医用缝合线、电子及光学仪器、纸张、皮革、木材、金属、纺织品、光学器材、宇宙飞船等)的灭菌。其缺点是有毒性和易燃易爆,因此使用时应该防止直接接触,并严禁接触明火。在使用时常与 CO_2 或 N_2 等气体混合。

7. 氧化剂及过氧化剂

氧化剂及过氧化剂能氧化菌体及酶蛋白的巯基成为二硫基(—S—S—),使之失去活性。高锰酸钾和过氧化氢(双氧水)常用作卫生和实验室消毒剂,后者还可用于食品包装材料和镜片的杀菌。过氧化苯酰有时可用于厌氧菌感染的伤口消毒。过氧乙酸是一种高效、速效、广谱和无毒的化学杀菌剂,除适用于塑料、玻璃、棉布、人造纤维等制品的消毒外,也可用于果蔬和鸡蛋等食品表面的消毒。臭氧(O_3)是一种强氧化剂,在水中杀菌速度比氯快,可用于游泳池循环水的处理,但过氧化物类消毒剂性质不稳定,易分解,对物品有漂白或腐蚀作用。

8. 卤素及其化合物

卤素及其化合物主要是通过破坏细胞膜、蛋白质达到杀菌目的。按杀菌力高低排列的顺序是 $F_2>Cl_2>Br_2>I_2$,其中以碘和氯最常用。碘能使细胞中蛋白质的酪氨酸卤化而发挥作用,它对细菌、真菌、病毒和芽孢均有较好的杀菌效果。氯气广泛用于饮水、游泳池和垃圾场的消毒。漂白粉和次氯酸钠中有杀菌作用的成分是次氯酸根负离子,也常用作食品、器具、车间、家庭用具、牛奶厂、少量饮水的就地处理和实验室的消毒剂。二氧化氯杀菌能力强、效果持续时间长、用量省,尤其是水体经其消毒后不会像氯气和漂白粉一样残留有毒物质,可广泛用于生活用水和污水的消毒处理,也适用于食品加工和养殖业中的消毒、灭菌、防腐、保鲜、除臭和漂白等。有机氯化物中的氯胺和双氯胺也是较好的卫生和空气消毒剂。氯气和氯化物的杀菌效应在于产生次氯酸和原子氧,初生态的原子氧是强氧化剂,再加上次氯酸根负离子的作用,能破坏细胞膜结构并杀死微生物。

9. 表面活性剂

表面活性剂又称去污剂,易溶于水,能降低液体分子表面张力,使物体表面的油脂乳化,使油垢被除去。常用的阳离子型表面活性剂主要有肥皂、洗衣粉等。表面活性剂能使蛋白质变性,破坏细胞膜。表面活性剂不污染衣物,性质较稳定,易于保存,应用很广。

10. 染料

染料可分为碱性染料和酸性染料，其中碱性染料的杀菌作用强于酸性染料。碱性染料如龙胆紫（或称结晶紫）、亚甲蓝、孔雀绿、吖啶黄等，在低浓度下具有明显的抑菌效果并表现出一定的特异性。碱性染料的阳离子基团能与细胞蛋白质氨基酸上的羧基或核酸上的磷酸基团结合而阻断正常的细胞代谢过程，如2%~4%的龙胆紫水溶液能杀死葡萄球菌、真菌。

表 6-13 常见消毒剂

类型	名称	使用浓度	作用机制	应用范围
重金属盐类	升汞	0.05%~0.1%	与蛋白质的巯基结合使其失活	植物组织、非金属物品、器皿消毒
	红汞	2%	与蛋白质的巯基结合使其失活	皮肤、黏膜、小伤口消毒
	硫柳汞	0.01%~0.1%	与蛋白质的巯基结合使其失活	皮肤、手术部位消毒，生物制品防腐
	$AgNO_3$	0.1%、1%	与蛋白质的巯基结合使其失活	皮肤、新生儿眼睛消毒
	$CuSO_4$	0.1%~0.5%	与蛋白质的巯基结合使其失活	杀灭病原真菌与藻类
酚类	苯酚	3%~5%	使蛋白质变性，损伤细胞膜	地面、家具、器皿表面消毒
	煤酚皂（来苏尔）	2%	使蛋白质变性，损伤细胞膜	皮肤
醇类	乙醇	70%~75%	脱水，使蛋白质变性，损伤细胞膜等	皮肤、器械外壳消毒
酸类	醋酸	5~10mL/m³，熏蒸	改变pH、蛋白质凝度，破坏细胞膜和细胞壁	房间消毒、预防流感
	乳酸	0.33~1mol/L	改变pH、蛋白质凝度，破坏细胞膜和细胞壁	空气消毒
	脱氢醋酸	0.005%~0.1%	改变pH、蛋白质凝度，破坏细胞膜和细胞壁	饮料、面包、炼乳等食品防腐
	苯甲酸	0.1%	改变pH、蛋白质凝度，破坏细胞膜和细胞壁	果酱、果汁、饮料防腐
	山梨酸	0.1%	改变pH、蛋白质凝度，破坏细胞膜和细胞壁	糕点、干果、果酱防腐
醛类	甲醛	0.5%~10%	破坏蛋白质氢键或氨基	物品、接种箱、接种室消毒
	戊二醛	2%，pH为8左右	破坏蛋白质氢键或氨基	精密仪器等的消毒

(续)

类型	名称	使用浓度	作用机制	应用范围
气态消毒剂	环氧乙烷	600mg/L	使有机物烷化、酶失活	手术器械、毛皮、食品、药物
氧化剂及过氧化剂	$KMnO_4$	0.1%	氧化蛋白质的活性基团	皮肤、水果、蔬菜、餐具消毒
氧化剂及过氧化剂	H_2O_2	3%	氧化蛋白质的活性基团	污染物件的表面、伤口清洗
氧化剂及过氧化剂	过氧乙酸	0.2%~0.5%	氧化蛋白质的活性基团	塑料、玻璃制品、果蔬、环境卫生等消毒
氧化剂及过氧化剂	臭氧	1mg/L	氧化蛋白质的活性基团	食品、水处理
卤素及其化合物	氯气	0.2~0.5mg/L	破坏细胞膜、蛋白质	饮用水、游泳池水消毒
卤素及其化合物	漂白粉	0.5%~1%	破坏细胞膜、蛋白质	饮水、空气(喷雾)、体表消毒
卤素及其化合物	漂白粉	10%~20%	破坏细胞膜、蛋白质	地面、厕所消毒
卤素及其化合物	二氧化氯	2%	破坏细胞膜、蛋白质	水体消毒
卤素及其化合物	氯胺	0.2%~0.5%	破坏细胞膜、蛋白质	室内空气、表面消毒
卤素及其化合物	二氯异氰尿酸钠	4mg/L	破坏细胞膜、蛋白质	饮水消毒
卤素及其化合物	二氯异氰尿酸钠	3%	破坏细胞膜、蛋白质	空气(喷雾)、排泄物、分泌物等消毒
卤素及其化合物	碘酒	2.5%	破坏细胞膜、蛋白质	皮肤消毒
表面活性剂	新洁尔灭	0.05%~0.1%	使蛋白质变性,破坏细胞膜	皮肤、黏膜、手术器械消毒
表面活性剂	杜灭芬	0.05%~0.1%	使蛋白质变性,破坏细胞膜	皮肤、金属、棉织品、塑料消毒
染料	龙胆紫(紫药水)	2%~4%	与蛋白质的羧基结合	皮肤、伤口消毒

三、防腐剂

1. 防腐与防腐剂

防腐是利用物理和化学的手段,完全抑制霉腐等微生物的生长繁殖,防止食品等发生霉变的措施。此时,微生物并没有被杀灭,只是受到抑制。防腐的手段很多,如造成低温隔氧(或充氮)、干燥、高渗、高酸等保藏环境。添加防腐剂也是一种常用的防腐措施。

2. 防腐剂的种类

(1)乳酸链球菌肽

乳酸链球菌肽又称乳酸链球菌素,是一种天然食品防腐剂,是从乳链球菌发酵产物中提取的一类多肽化合物。乳酸链球菌肽进入胃肠道易被蛋白酶所分解，是一种安全的天然食品防腐剂。FAO(联合国粮食及农业组织)和WHO(世界卫生组织)已于1969年给予认可，是允许作为防腐剂在食品中使用的细菌素。

(2) 苯甲酸、苯甲酸钠

苯甲酸(C_6H_5COOH)和苯甲酸钠(C_6H_5COONa)又称安息香酸和安息香酸钠，为白色结晶。苯甲酸微溶于水，易溶于酒精；苯甲酸钠易溶于水。苯甲酸对人体较安全，常用于酱油、醋、饮料、果酒等食品的防腐。

(3) 山梨酸和山梨酸钾

山梨酸和山梨酸钾为无色、无味、无臭的化学物质。山梨酸难溶于水(600:1)，易溶于酒精(7:1)；山梨酸钾易溶于水。它们在酸性介质中对霉菌、酵母菌、好氧性细菌有良好的抑制作用。对人有极微弱的毒性，是近年来各国普遍使用的安全防腐剂。山梨酸和苯甲酸是我国允许使用的两种国家标准的有机防腐剂。在酱油、醋、果酱类、人造奶油、琼脂奶糖、鱼干制品、豆乳饮料、豆制素食、糕点馅等食品中，山梨酸的最大用量为1.0g/kg；低盐酱菜、面酱类、蜜饯类、山楂类、果叶露等最大用量为0.5g/kg；果汁类、果子露、果酒最大用量为0.6g/kg；汽水、汽酒最大用量为0.2g/kg；在浓缩果汁中用量应低于2g/kg。

(4) 双乙酸钠

双乙酸钠缩写为SDA，为白色结晶，略有醋酸气味，极易溶于水(1g/mL)；10%水溶液pH为4.5~5.0。双乙酸钠成本低，性质稳定，防霉、防腐作用显著。可用于粮食、食品、饲料等防霉、防腐，一般用量为1g/kg；还可作为酸味剂和品质改良剂，该产品添加于饲料中可提高蛋白质的效价，增加适口性，提高饲养动物的产肉率、产蛋率和产乳率，还可防止肠炎，提高免疫力，被美国食品和药品管理局(FDA)认定为一般公认安全物质，并于1993年撤除了双乙酸钠在食品、医药及化妆品中的允许限量。

(5) 邻苯基苯酚和邻苯酚钠

邻苯基苯酚及其钠盐主要用于防止霉菌生长，对柑橘类果皮的防霉效果甚好。允许使用量为100mg/kg以下(以邻苯酚计)。

(6) 联苯

联苯对柠檬、葡萄、柑橘类果皮上的霉菌，尤其对指状青霉和意大利青霉的防治效果较好。一般不直接使用于果皮，而是将该药浸透于纸中，再将浸有此药液的纸放置于贮藏和运输的包装容器中，让其慢慢挥发，待果皮吸附后，即可产生防腐效果。每千克果实所允许的药剂残留量应在0.07g以下。

(7) 噻苯咪唑

噻苯咪唑是美国发明的防霉剂，适用于柑橘和香蕉等水果。使用后允许残留量根据水果类别及部位有所差异，柑橘类为10mg/kg以下，香蕉皮为3mg/kg以下，香蕉果肉为0.4mg/kg以下。

(8) 溶菌酶

溶菌酶为白色结晶，含有 129 个氨基酸，等电点 1.5~10.5。溶于食品级盐水，在酸性溶液中较稳定，55℃下活性无变化。溶菌酶能溶解多种细菌的细胞壁而达到抑菌、杀菌目的，但对酵母菌和霉菌几乎无效。溶菌作用的最适 pH 为 6~7，温度为 50℃。食品中的羧基和硫酸能影响溶菌酶的活性，因此将其与其他抗菌物如乙醇、植酸、聚磷酸盐等配合使用，效果更好。目前溶菌酶已用于面食类、水产熟食品、冰激凌、色拉和鱼子酱等食品的防腐保鲜。

(9) 海藻糖

海藻糖是一种无毒低热值的二糖。它之所以具有良好的防腐作用，是由它的抗干燥特性决定的。它可在干燥生物分子的失水部位形成氢键连接，构成一层保护膜，并能形成一层类似水晶的玻璃体。因此，它对于冷冻、干燥的食品，不仅能起到良好的防腐作用，而且还可防止食品品质发生变化。

(10) 甘露聚糖

甘露聚糖是一种无色、无毒、无臭的多糖。以 0.05%~1% 的甘露聚糖水溶液喷、浸、涂布于生鲜食品表面或掺入某些加工食品中，能显著地延长食品保鲜期。如草莓用 0.05% 的甘露聚糖水溶液浸渍 10s，经风干，贮存 1 周，仅表皮稍失光泽，3 周也未见长霉；而没有使用甘露聚糖水溶液浸渍的对照组 2 日后失去光泽，3 日后开始发霉。

(11) 壳聚糖

壳聚糖即脱乙酰甲壳素，是黏多糖之一，呈白色粉末状，不溶于水，溶于盐酸、醋酸。它对大肠杆菌、金黄色葡萄球菌、枯草芽孢杆菌等有很好的抑制作用，且还能抑制生鲜食品的生理变化。因此，它可作食品尤其是果蔬的防腐保鲜剂。例如，0.4%壳聚糖溶液直接喷到番茄、烟草等植物上，可起到保护作用，减少烟草斑纹病毒的感染。

(12) 过氧化氢

过氧化氢是一种氧化剂，它不仅具有漂白作用，而且还具有良好的杀菌、除臭效果。缺点是过氧化氢有一定的毒性，对维生素等营养成分有破坏作用。它杀菌力强、效果显著，但需经加热或者过氧化氢酶的处理以减少其残留。常用于切面、面条、鱼糕等防腐，允许残留量为 0.1g/kg 以下，其他食品为 0.03g/kg 以下。

(13) 硝酸盐和亚硝酸盐

硝酸盐和亚硝酸盐主要是作为肉的发色剂而被使用。亚硝酸与血红素反应，形成亚硝基肌红蛋白，使肉呈现鲜艳的红色。另外，硝酸盐和亚硝酸盐也有延缓微生物生长的作用，抑制耐热性的肉毒梭状芽孢杆菌芽孢的发芽。但亚硝酸在肌肉中能转化为亚硝胺，有致癌作用，因此，在肉品加工中应严格限制其使用量。允许用量为火腿、咸肉、香肠、腊肉、鲸鱼肉等在 0.07g/kg 以下，鱼肉香肠、鱼肉火腿为 0.05g/kg 以下（以亚硝酸残留量计）。目前还未找到完全替代物。

四、化学治疗剂

化学治疗就是利用具有高度选择毒性的化学物质来抑制宿主体内病原微生物的生长繁

殖，甚至杀死病原微生物，达到治疗疾病的目的。化学治疗剂主要有抗代谢(药)物、抗生素、半合成抗生素与生物药物素等。

1. 抗代谢（药）物

抗代谢(药)物又称代谢颉颃物或代谢类似物，是一类与生物体内的必需代谢物结构相似的化合物，能够与特定的酶结合，从而阻碍酶的正常功能，干扰正常代谢过程。由于它们具有良好的选择毒力，因此是一类重要的化学治疗剂。它们的种类很多，都是有机合成药物，如磺胺类(叶酸颉颃物)、异烟肼(吡哆醇颉颃物)、6-巯基嘌呤(嘌呤颉颃物)等。

磺胺类药物是发现较早、迄今仍在广泛应用的抗代谢药物，是由诺贝尔奖获得者德国科学家 C. Domagk 于 1934 年所发明的，是重要的经典抗代谢药物，种类很多，目前已有上千种衍生物。迄今仍在广泛应用的有维生素 B_1、磺胺胍(即磺胺脒，SG)、碘胺嘧啶(SD)、磺胺甲噁唑(SMZ)和磺胺二甲嘧啶等。磺胺类药物的抗菌谱较广，能控制和治疗大多数 G^+ 细菌(如肺炎链球菌、β-溶血链球菌等)和 G^- 细菌(如痢疾志贺氏菌、脑膜炎球菌)等引起的疾病。在青霉素等抗生素广泛应用前，磺胺类药物是治疗多种细菌性传染病的重要药物。胺类药物能够广泛用于临床，是由于它们与微生物生长所必需的代谢物氨基苯甲酸(PABA)类似，因而能在叶酸合成过程中竞争性地与二氢蝶酸结合，从而阻止了 PABA 参与合成二氢叶酸，进一步阻断了细菌细胞重要组分四氢叶酸的合成，三甲氧苄二氨嘧啶(TMP)能抑制二氢叶酸还原酶将它还原为四氢叶酸，因而能进一步增强磺胺类药物的抑菌效应，故又称为磺胺增效剂。磺胺类药物具有很强的选择毒力，其原因是人体不存在二氢蝶酸合成酶、二氢叶酸合成酶和二氢叶酸还原酶，故不能利用外界提供的 PABA 自行合成叶酸，即必须从外界直接摄取叶酸作为营养，所以对磺胺类药物不敏感。而对于一些敏感的致病菌来说，凡存在二氢蝶酸合成酶(即必须以 PABA 作为生长因子自行合成四氢叶酸)，则易受到磺胺类药物的抑制。

抗代谢药物主要有 3 种作用：一是竞争正常代谢物的酶的活性中心，从而使微生物正常代谢所需的重要物质无法正常合成，如磺胺类；二是"假冒"正常代谢物，使微生物合成出无正常生理活性的假产物，如 8-重氮鸟嘌呤取代鸟嘌呤而合成的核苷酸就会生成无正常功能的 RNA；三是反馈抑制体内正常生化反应，某些抗代谢药物与某一生化合成途径的终产物的结构类似，通过反馈调节破坏正常代谢调节机制，例如，6-巯基腺嘌呤可抑制腺嘌呤核苷酸的合成。因此，可以将抗代谢药物理解为生物体内正常代谢物的对抗物，如磺胺类是叶酸对抗物、6-巯基嘌呤是嘌呤对抗物、5-甲基色氨酸是色氨酸对抗物、异烟肼是吡哆醇对抗物等。

2. 抗生素

抗生素是许多生物在其生命活动过程中产生的一种次生代谢产物或其人工衍生物，它们在很低浓度时就能抑制或影响他种生物的生命活动(包括病原菌、病毒、癌细胞等)，是人类控制、治疗感染性疾病，保障身体健康及用来防治动、植物病害的重要化学药物，可作为优良的化学治疗剂。抗生素是目前治疗微生物感染和肿瘤等疾病的常用药物。在工业发酵中抗生素也可以用于控制杂菌污染，在微生物育种中抗生素常常作为高效的筛选标记。

Fleming 于 1929 年发现了第一种广泛用于医疗上的抗生素——青霉菌产生的青霉素，Waksman 于 1944 年发现链霉菌产生的链霉素。抗生素的种类很多，迄今为止已找到新抗生素有 1 万种以上，半合成抗生素达 7 万多种，但由于其对动物的毒性或副作用等原因，真正得到临床应用的常用抗生素仅有六七十种，其疗效和抗菌谱各异（抗菌谱指各种抗生素的抑制微生物种类范围）。有些抗生素的抗菌谱较广，有些抗生素的抗菌谱较窄。例如，青霉素和红霉素主要抗 G^+ 细菌；链霉素和新霉素以抗 G^- 细菌为主，也抗结核分枝杆菌；庆大霉素、万古霉素和头孢霉素兼抗 G^+ 细菌和 G^- 细菌；而氯霉素、四环素、金霉素和土霉素等因能同时抗 G^+、G^- 细菌以及立克次氏体和衣原体，故称广谱型抗生素；放线菌酮、两性霉素 B、灰黄霉素和制霉菌素对真菌有抑制作用；对于病毒性感染，至今还未找到特效抗生素。

抗生素抑制或杀死微生物的作用机理分为以下 4 种。第一种是抑制细胞壁的合成，如青霉素、先锋霉素、万古霉素、杆菌肽、环丝氨酸和多抗霉素等。其中青霉素因抑制肽聚糖中多肽链的交联而主要作用于 G^+ 细菌，多抗霉素能阻止细胞壁成分中几丁质的合成而成为有效的杀真菌剂。第二种是损伤细胞质膜，改变细胞膜的通透性，如属于多肽链（包括多黏菌素、短杆菌素等）和多烯族（包括两性霉素、制霉菌素和曲古霉素等）的抗生素。多黏菌素通过与细胞质膜中磷脂、脂蛋白和脂多糖的结合而破坏膜结构，造成细胞内物质的流失。多烯族抗生素则通过与细胞膜中固醇的结合来破坏膜结构，是抗真菌药剂。第三种是干扰病原菌的蛋白质合成，不同类型的抗生素作用于蛋白质合成途径的不同阶段，有的作用于核糖体 30S 小亚基（如四环素、链霉素、卡那霉素等），有的作用于 50S 大亚基（如氯霉素、红霉素、林可霉素等）。第四种是阻碍核酸的合成，如灰黄霉素、利福霉素及抗肿瘤的抗生素（如放线菌素 D、丝裂霉素 C 等），它们能以不同的方式干扰病原菌 DNA 的复制或使 DNA 链断裂，从而使病原微生物死亡和癌细胞停止生长。

抗生素除了在医疗卫生上有广泛的应用前景，近年来很多农用抗生素（如井冈霉素、灭瘟素、春日霉素、庆丰霉素等）已在作物病害防治、水果保鲜、森林保护等方面发挥越来越大的作用。抗生素种类较多，表 6-14 是一些常见抗生素的简介。

表 6-14 一些常见抗生素的简介

抗生素	发现年份	产生菌	抗菌谱	作用方式
青霉素	1929	产黄青霉、点青霉	G^+ 细菌、部分 G^- 细菌	抑制细胞壁合成
链霉素	1944	灰色链霉菌	G^- 细菌、G^+ 细菌、结核分枝杆菌	干扰蛋白质合成
卡那霉素	1957	卡那霉素链霉菌	G^- 细菌、G^+ 细菌、结核分枝杆菌	干扰蛋白质合成
万古霉素	1956	东方链霉菌	G^+ 细菌	抑制细胞壁合成
四环素	1952	红霉素链霉菌	G^- 细菌、G^+ 细菌、立克次氏体、部分病毒	干扰蛋白质合成
金霉素	1949	金霉素链霉菌	G^- 细菌、G^+ 细菌、立克次氏体、部分病毒及原虫	干扰蛋白质合成
春日霉素	1964	小金色链霉菌	绿脓杆菌、稻瘟病菌、G^- 细菌	抑制蛋白质合成

3. 半合成抗生素与生物药物素

半合成抗生素与生物药物素的出现源于抗生素的广泛应用，抗药性或耐药性突变株不断产生，从而使现有的抗生素逐渐失去了原有的疗效。为解决这一矛盾，人们除了继续筛选更新的抗生素外，一方面对天然抗生素的结构进行改造，另一方面研发比抗生素疗效更为广泛的生理活性产物。

对天然抗生素的结构进行人为改造后的抗生素，称为半合成抗生素。它们的种类极多，其中涌现出不少疗效提高、毒性降低、性质稳定和抗耐药菌的新品种，如各种半合成青霉素、四环素类、利福霉素和卡那霉素等。以半合成青霉素为例，青霉素原是一种比较理想的抗生素，具有毒性低、抗菌活力高等优点，但也存在易过敏、不稳定、不能口服和易产生耐药菌株等缺点。对青霉素的结构进行改造，保存其不可缺的基本结构而对其 R 基团进行改造或取代，可合成各种相应的半合成青霉素，如氨苄青霉素、羧苄青霉素、羟苄青霉素和氧哌嗪青霉素等。

在筛选更新的抗生素基础上研究发现的其他具多种具生理活性的微生物次级代谢物，如酶抑制剂、免疫调节剂、受体拮抗剂和抗氧化剂等，它们的疗效比抗生素更为广泛，这些物质称为生物药物素，如酶抑制剂洛伐他丁和免疫增强剂苯丁抑制素及环孢菌素等。

微生物极易对抗生素产生抗药性，而抗药性对人类的医疗实践危害严重。微生物产生抗药性的原因包括：产生一种能使药物失去活性的酶；把药物作用的靶位加以修饰和改变；使药物不能透过细胞膜；通过主动外排系统把进入细胞内的药物泵出细胞外等。

巩固练习

1. 名词解释

灭菌，消毒。

2. 判断题

(1) 微生物控制是指抑制或杀灭微生物。　　　　　　　　　　　　　　( )

(2) 消毒不是杀死所有微生物。　　　　　　　　　　　　　　　　　　( )

(3) 消毒剂只能杀死病原体，对人体组织细胞毫无损害作用。　　　　　( )

(4) 高压蒸汽灭菌法是靠压力灭菌。　　　　　　　　　　　　　　　　( )

3. 问答题

(1) 为什么要进行微生物控制？

(2) 简述灭菌与消毒的区别。

4. 分析题

(1) 某实验室配置了一批斜面培养基，配置过程是：称好培养基干粉后加水，放在电炉上加热溶解，然后分装到试管中，每管 10mL，试管用硅胶塞密封。121℃温热灭菌 20min。灭菌结束后，锅内温度约为 90℃时开锅取出灭菌物品，放在室温制成斜面，再放入繁殖培养箱在 36℃下预培养。但是培养 24h 后，发现每一支试管里面都长菌。请分析灭菌失败是什么原因造成的。

(2) 某企业生产并销售菌种，一位新技术员在工作时却发现自己操作生产的菌种发生污染，请帮助这位新技术员分析原因。

第七章 菌种保藏

○ **项目描述：**

菌种是一个国家所拥有的一项重要生物资源，研究和选择良好的菌种保藏方法是微生物应用技术中的一项重要工作。在微生物的基础研究和实际应用中，选育一株理想菌是一项艰苦的工作，保持菌种的优良性状稳定遗传则更难，因为在生物的进化过程中，遗传性的变异是绝对的，而它的稳定性是相对的，并且退化性的变异是大量的，而进化性的变异却是个别的。退化的菌种用于生产会直接影响产品的产量和质量，对研究工作和生产是极为不利的，退化还可能使优良菌种丢失。因此，在筛选优良菌种的过程中，必须随时做好保藏工作，防止菌种衰退。一旦发生菌种衰退，就要进行复壮，以此来恢复菌种的优良性状。本章主要学习菌种保藏的技术。

○ **知识目标：**

1. 掌握微生物菌种保藏的目的。
2. 熟悉常用菌种保藏技术的原理及注意事项。
3. 熟悉菌种衰退的原因。
4. 掌握不同菌种保藏技术的操作方法。
5. 理解不同菌种保藏技术的优缺点。
6. 了解菌种恢复培养的方法。

○ **能力目标：**

1. 能够规范进行常规微生物菌种的保藏操作(如斜面低温保藏法、液氮超低温保藏法等)。
2. 能够正确处理实践中遇到的问题。
3. 能按要求进行保藏菌种的复壮和质量检定。

第一节　菌种保藏概述

一、菌种退化

菌种退化是指群体中退化细胞在数量上占一定数值后，表现出菌种生产性能下降的现象。

1. 菌种退化的具体表现

菌种退化涉及微生物的形态和生理等多方面的变化，具体表现为以下几个方面。

①菌落和细胞形态改变　如果典型的形态特征减少，即表现为衰退。例如，苏云金芽孢杆菌的芽孢和伴孢晶体变小甚至丢失等。

②生长速度缓慢，产生的孢子变少　如放线菌和霉菌在斜面上经过多次传代后产生了"光秃型"，从而造成生产上用孢子接种的困难。

③生理上的变化　有的是菌种的发酵力（如糖、氮消耗能力）下降，有的是发酵产品获得率下降，例如，黑曲霉的糖化能力、抗生素生产菌的抗生素发酵单位下降以及各种发酵代谢产物量的减少等，这些都会给生产带来不利影响。

④致病菌对寄主侵染能力下降　如白僵菌对寄主的致病力减弱或消失等。

⑤对外界不良条件抵抗能力下降　如对低温、高温或噬菌体侵染抵抗力下降等。

2. 菌种退化的原因

菌种退化不是突然发生的，而是从量变到质变的逐步演变过程。个别细胞突变不会使群体表型发生明显改变，但经过连续传代，负变细胞达到一定数量后，群体表型就出现退化。

造成菌种退化的原因主要可分为内因和外因两个方面，即自身变化和环境影响。

（1）自身变化

微生物与其他生物类群相比最大的特点之一就是有较高的代谢繁殖能力。在菌种DNA大量快速复制过程中，会因出现某些基因的差错从而导致突变发生。一般来说，微生物的突变常常是负突变，是指使菌种原有的优良特性丧失或导致产量下降的突变。正突变发生的比例极低，只有经过大量的筛选，才有可能找到正突变。

（2）环境影响

连续传代是加速菌种衰退的一个主要原因。不适宜的培养和保藏条件是加速菌种衰退的另一个重要原因。例如，温度高，基因突变率也高，温度低则突变率也低，因此菌种保藏的重要措施就是低温。同时，紫外灯诱变剂也会导致菌种退化速度加快。

3. 菌种退化的防止措施

根据对菌种退化的原因分析，可从以下几个方面防止菌种退化。

（1）控制传代次数

基因的突变往往发生在菌体繁殖时的DNA复制过程中，菌种传代次数越多，菌种细胞的繁殖就越频繁，DNA复制的次数也就越多，产生基因突变的概率和菌种发生退化的机会也随之增加，因此，为了减少发生自发突变的概率，无论是实验室还是工业生产，应尽量避免不必要的移种和传代，把必要的传代降低到最低水平。可以一次接种足够数量的原种进行保藏，在整个保藏期内使用同一批原种。

(2) 利用不易退化的细胞传代

放线菌和霉菌的菌丝体常为多核细胞,甚至是异核体或部分二倍体,若用菌丝体接种、传代,就容易发生分离现象,导致菌种退化。而孢子一般是单核的,用它来接种时就不会发生这种现象。例如,在实践中采用无菌的棉团轻轻蘸取"5406"放线菌的孢子进行斜面移种就可避免菌丝的接入,因而可有效防止菌种的退化。因此,在菌种保藏过程中,应尽可能使用孢子或者单核菌株,避免对多核细胞进行处理。

(3) 创造良好的培养条件

由于培养条件不适合可导致或加速菌种的退化,因此,创造一个适合原种的生长条件(合适的培养基和培养条件),就可在一定程度上防止菌种衰退。各种生长菌株对培养条件的要求和敏感性不同,培养条件要有利于生产菌株而不利于退化菌株的生长。如营养缺陷型生长菌株培养时应保证充分的营养成分,尤其是生长因子;对于具有抗药性突变的菌株,在培养基中加入一定浓度的有关药物,可以抑制其他非抗性的野生菌生长。此外,还要控制碳源、氮源、pH、温度等,创造对生产菌有利的环境,限制退化菌株的增多。例如,在赤霉素生产菌的培养中,加入糖蜜、天冬酰胺、谷氨酰胺、5-核苷酸或甘露醇等丰富营养物时,有防止菌种衰退的效果。在栖土曲霉3.942的培养中,温度从28~30℃提高到33~34℃,可防止其产孢子能力的衰退。微生物生长过程中所产生的有害产物也会引起菌种衰退,所以应避免使用陈旧的斜面培养基。

(4) 采用有效的菌种保藏方法

由于斜面保藏的时间较短,菌种移接的次数相对较多,故只能作为转接或短期保藏的"种子"用。而需要长期保藏的菌种,应该采用沙土管、冻干管和液氮管等保藏,以延长菌种保藏时间。对不同的菌种应选用有针对性的最适保藏方法,使其遗传性可以相应持久。例如,保持酿酒酵母优良发酵性能最有效的保藏方法是-70℃低温保藏,其次是4℃低温保藏,而对绝大多数微生物保藏效果很好的冷冻干燥保藏法和液氮保藏法则效果并不理想。

(5) 定期复壮

通过对菌种定期进行分离纯化、复壮,检查相应的性状指标,也能够有效防止菌种衰退。

二、菌种保藏目的及原理

菌种保藏是运用物理、生物手段让菌种处于完全休眠状态,使其在长时间储存后仍能保持原有生物特性和生命力的菌种储存的措施。目的是保证菌种经过较长时间后仍然保持着生活能力及原来的性状,不被其他杂菌污染,形态特征和生理特征尽可能不发生变异,以便作为鉴定菌株的对照株,或者为生产、科研等提供优良菌株,方便使用。因此,菌种的保藏无论是对科学研究,还是对生产利用,都具有十分重要的现实意义。

菌种保藏的原理是:选用优良的纯种,最好是休眠体(分生孢子、芽孢等),根据微生物的生理、生化特征,人工创造一个使微生物代谢不活泼,生长繁殖受抑制,难以突变的环境条件。

三、菌种保藏机构

菌种保藏机构的任务是在广泛收集生产和科研菌种、菌株的基础上，把它们妥善保藏。国际上很多国家都设立了菌种保藏机构。菌种保藏可按微生物各分支学科的专业性质分为普通、工业、农业、医学、兽医、抗生素等保藏管理中心。此外，也可按微生物类群进行分工，如沙门氏菌、弧菌、根瘤菌、乳酸杆菌、放线菌、酵母菌、丝状真菌、藻类等保藏中心。目前世界上约有550个菌种保藏机。

(1) 国外菌种保藏机构

国外菌种保藏机构中最著名的是美国典型菌种保藏中心（American Type Culture Collection，ATCC），1925年建立，是世界上最大、保存微生物种类和数量最多的机构，设有细菌类、真菌类、动物病毒、植物病毒、噬菌体、组织培养藤类和原生动物8个收藏室。美国典型菌种保藏中心主要从事农业、遗传学、应用微生物学、免疫学、细胞生物学、工业微生物学、菌种保藏方法、医学微生物学、分子生物学、植物病理学、普通微生物学、分类学、食品科学等的研究。该中心保藏有藻类111株，细菌和抗生素16 865株，细胞和杂合细胞4300株，丝状真菌和酵母菌46 000株，植物组织79株，种子600株，原生动物1800株，动物病毒、衣原体和病原体2189株，植物病毒1563种。另外，该中心还提供菌种的分离、鉴定及保藏服务。该中心保藏的菌种可出售。此机构只采用冷冻干燥保藏法和液氮保藏法保藏菌种，最大限度减少传代次数，避免菌种退化。当菌种保藏机构收到合适菌种时，先将原种制成若干液氮保藏管作为保藏菌种，然后再制成一批冷冻干燥管作为分发用，经5年后，假定第一代(原种)的冷冻干燥保藏菌种已分发完毕，就再打开一瓶液氮保藏原种，这样，至少在20年内，凡获得该菌种的用户，都是原种的第一代，可以保证所保藏的分发菌种的原有性状。

荷兰真菌菌种保藏中心（Centraalbureauvoor Schimmelcultures，CBS）1904年建立，是半政府性质的主要保藏真菌、酵母菌菌种的保藏中心。该中心主要从事菌种保藏方法、分类学、分子生物学、医学微生物学等的研究。该中心保藏有真菌35 000株、酵母5500株。该中心保藏的菌种可出售。

德国微生物菌种保藏中心（Deutsche Sammlung von Mikroorganismen und Zellkulturen，DSMZ）成立于1969年，是德国的国家菌种保藏中心。该中心一直致力于细菌、真菌、质粒、抗生素、人体和动物细胞、植物病毒等的分类、鉴定和保藏工作。该中心是欧洲规模最大的生物资源中心，保藏有细菌9400株、真菌2400株、酵母菌500株、质粒300株、动物细胞500株、植物细胞500株、植物病毒600株、细菌病毒90株等。该中心保藏的菌种可出售。此外，该中心还提供菌种的分离、鉴定、保藏服务。

(2) 国内菌种保藏机构

我国于1979年成立了中国微生物菌种保藏管理委员会（China Committee for Culture Collection of Microorganisms，CCCCM），下设7个菌种保藏管理中心，分别负责相应菌种的收集、保藏、管理、供应和交流。这些菌种保藏机构的名称、保藏范围见表7-1。

表 7-1 国内菌种保藏机构

机构名称	缩写	所在地	归口部门	保藏范围
中国普通微生物菌种保藏中心	CGMCC	中国科学院微生物研究所（AS）、中国科学院武汉病毒研究所（AS-IV）	中国科学院	真菌、细菌、病毒
中国农业微生物菌种保藏中心	ACCC	中国农业科学院土壤与肥料研究所（ISF）	中国农业科学院	农业微生物
中国工业微生物菌种保藏中心	CICC	中国食品发酵工业研究所（IFFI）	中国轻工业联合会	工业微生物
中国医学微生物菌种保藏中心	CMCC	中国医学科学院皮肤病研究所（ID）	国家卫生和计划生育委员会	真菌
		中国药品生物制品检定所（NICPBP）、中国预防医学科学院病毒研究所		细菌
中国抗生素微生物菌种保藏中心	CACC	中国医学科学院医药生物技术研究所	国家药品监督管理局	抗生素产生菌
		四川抗生素研究所（SIA）		抗生素产生菌
		华北制药厂抗生素研究所（IANP）		抗生素工业生产菌种
中国兽医微生物菌种保藏中心	CVCC	农业农村部兽药监察研究所（NCIVBP）	农业农村部	兽医微生物
中国林业微生物菌种保藏中心	CFCC	中国林业科学研究院林业研究所（RIF）	中国林业科学研究院	林业微生物

此外，我国还有一些其他菌种保藏机构，如云南省微生物研究所（YM）、香港大学菌种保藏中心（HKUCC）、华中农业大学菌种保藏中心（CCDM）等。

第二节　菌种保藏方法及菌种检验

一、菌种保藏的方法

菌种保藏的方法有很多，主要是通过干燥、低温、缺氧、营养缺乏以及添加保护剂或酸度中和剂等手段来创造适于微生物休眠的环境，使微生物长期处于代谢不活泼、生长繁殖受抑制的休眠状态。选取保藏方法时需要根据保藏的时间、微生物种类、具备的条件等决定，既要满足能够长期地保持菌种原有特性的要求，也要考虑到方法本身的经济和简便。

1. 斜面低温保藏法

此法也称为定期移植保藏法，是利用低温来减慢微生物的生长和代谢，从而达到保藏的目的，是一种短期的保藏方法。

将菌种接种在不同成分但合适的斜面培养基上，接种的方式应依据菌种类型的不同而异。例如，扩散型生长及绒毛状气生菌丝类霉菌(如毛霉、根霉等)，可把菌种点接在斜面中部下方处。细菌和酵母菌等可采用划线法或穿刺法接种。待菌种生长健壮后，将菌种置于4℃冰箱保藏。细菌、酵母菌、放线菌和霉菌都可以使用这种保藏方法。有孢子的霉菌或放线菌及有芽孢的细菌在低温下可保存半年左右，酵母菌可保存3个月左右，无芽孢的细菌营养细胞可保存1个月左右。如果在保存时采用无菌的橡皮塞代替棉塞，可以避免水分散发并且隔氧，能适当延长保藏期。这种方法不可能很长时间地保藏菌种，每隔一定时间需重新移植培养一次。一般3~6个月传代一次。

斜面低温保藏法是最早使用而且至今仍然普遍采用的方法。其优点是简单易行，易于推广，保存率高，具有一定的保藏效果。在实验室和工厂中，即便同时采用几种方法保藏同一菌种，这种方法仍是必不可少的。然而，这种方法的缺点是非常明显的，其保藏过程中微生物仍然有一定强度的代谢活动，所以，保藏的时间不长，传代次数多，菌种容易变异退化。

2. 液体石蜡覆盖保藏法

液体石蜡覆盖保藏法是斜面培养传代培养的辅助方法，是指将菌种接种在适宜的斜面培养基上，在最适条件下培养至菌种长出健壮菌落后注入灭菌的液体石蜡，使其覆盖整个斜面，再直立置于低温(4~6℃)干燥处进行保存的一种菌种保藏方法。培养物上面覆盖的灭菌液体石蜡有两个方面的作用，一方面可防止因培养基水分蒸发而引起菌种死亡，另一方面可阻止氧气进入，以减弱代谢作用，因此能够适当延长保藏时间。但需要注意的是，此法不适合那些能够以液体石蜡为碳源的细菌、霉菌等微生物的保藏。

操作步骤可分为液体石蜡的准备、斜面培养物的制备、灌注石蜡、保藏。

(1)液体石蜡的准备

选用优质化学纯液体石蜡，将其分装后加塞，用牛皮纸包好，灭菌。灭菌的方式可以采用121℃湿热灭菌30min，置40℃恒温箱中蒸发水分，或者采用160℃干热灭菌2h，放凉，经无菌检查后备用。

(2)斜面培养物的制备

将需要保藏的菌种在最适宜的斜面培养基中培养，得到健壮的菌体或孢子。

(3)灌注石蜡

将无菌的液体石蜡在无菌条件下注入培养好的新鲜斜面培养物上，液面高出斜面顶部1cm左右，使菌体与空气隔绝。

(4)保藏

注入液体石蜡的菌种斜面以直立状态置低温(4~6℃)干燥处保藏，保藏时间为1~10年。保藏期间应定期检查，如果培养基露出液面，应及时补充无菌的液体石蜡。

液体石蜡覆盖保藏法实用而且效果好，霉菌、放线菌、有芽孢的细菌可保藏2年以上不死，酵母菌可保藏1~2年，一般无芽孢细菌也可保藏1年左右，甚至用一般方法很难保藏的脑膜炎球菌在温箱内亦可保藏3个月。此法的优点是制作简单，不需特殊设备，且不需经常移种；缺点是保存时必须直立放置，所占空间较大，同时也不便携带。此外，要特别注意从液体石蜡下面取培养物移种后将接种环置于火焰上烧灼时，培养物容易与残留的液体石蜡一起飞溅。

3. 冷冻干燥保藏法

冷冻干燥保藏是最佳的微生物菌体保存法之一，保存时间长，可达10年以上。除不产孢子、只产菌丝体的丝状真菌不宜用此法外，其他多数微生物如病毒、细菌、放线菌、酵母菌等都能采用冷冻干燥保藏。该法是将菌液在冻结状态下升华，去除其中的水分，最后获得干燥的菌体样品进行保藏。冷冻干燥保藏法同时具备干燥、低温和缺氧3项保藏条件，在这种条件下，菌种处于休眠状态，因此可以保藏较长时间。冻干的菌种密封在较小的安瓿中，避免了保藏期间的污染，也便于大量保藏。该法是目前被广泛推崇的菌种保藏方法，具有变异小和适用范围广的优点；缺点是操作比较复杂，技术要求较高。

冷冻干燥保藏过程如下。

(1) 准备安瓿管

选用市售优质安瓿管，以内径约50mm、长10~15cm为宜，用10% HCl 浸泡8~10h，然后用自来水冲洗干净，再用去离子水冲洗浸泡至pH呈中性，烘干后加上棉塞。将印有菌名、菌号和接种日期的标签条放入安瓿管内，于121℃湿热灭菌30min，烘干备用。

(2) 准备菌种

将要保藏的菌种接入斜面培养基，适温培养一定时间，根据菌种不同而选择不同的时间，一般细菌要求24~48h的培养物，酵母菌需培养3d，产孢子的微生物则宜保存孢子，放线菌与丝状真菌则需培养7~10d。

(3) 选择和准备保护剂

保护剂种类要根据微生物类别选择。配制保护剂时，应注意其浓度、pH及灭菌方法。血清可用过滤灭菌；牛奶要先脱脂，用离心方法去除上层油脂，一般在100℃下间歇煮沸2~3次，每次10~30min，备用。

(4) 冻干样品的准备

在最适宜的培养条件下将细胞培养至静止期或成熟期，进行纯度检查后，与保护剂混合均匀，分装。微生物培养物浓度以细胞或孢子不少于1×10^8~1×10^{10}个/mL为宜，以大肠杆菌为例，要取得每毫升含1×10^{10}个活细胞的菌液2~2.5mL，只需10mL琼脂斜面两支。分装时，采用无菌长颈滴管，吸取菌液并直接滴入安瓿管底部，注意不要溅污上部管壁，每管分装量0.1~0.2mL。若是球形安瓿管，装量为半个球部。若是液体培养的微生物，应离心去除培养基，然后将培养物与保护剂混匀，再分装于安瓿管中。分装时间尽量要短，最好在1~2h内分装完毕并预冻。分装时应注意在无菌条件下操作。

(5) 预冻和冷冻

冷冻干燥过程中需要进行预冻。预冻的目的是使水分在真空干燥时直接由冰晶升华为水蒸气。预冻一定要彻底，否则，干燥过程中一部分冰会融化而产生泡沫或氧化等副作用，或使干燥后不能形成易溶的多孔状菌块，而变成不易溶解的干膜状菌体。预冻的温度和时间很重要，预冻温度一般应在-30℃以下。一般预冻 2h 以上，温度达到-35~-20℃。若在-10~0℃范围内冻结，所形成的冰晶颗粒较大，易造成细胞损伤。-30℃下冻结，冰晶颗粒细小，对细胞损伤小。待结冰坚硬后，方可开始真空干燥。

(6) 真空干燥

当温度下降到-50℃以下时，将冻结好的样品迅速放入干燥瓶内，启动真空泵抽气直至样品干燥。先关真空泵，再关制冷机，打开进气阀，使钟罩内真空度逐渐下降至常压，打开钟罩，取出冻干管，用手指轻弹检查干燥程度，样品与内壁脱离表明样品完全干燥。

冷冻真空干燥装置有各种形式，根据工作量选用。一般实验室可采用现成的真空冷冻干燥机，每次能冻干 10~20 支安瓿管。

(7) 真空封口及真空检验

将已干燥的冻干安瓿管安装在歧形管上，启动真空泵抽气干燥。约 10min 后，待管内真空度达到要求时将冻干管在酒精喷灯火焰上灼烧，拉成细颈并熔封。熔封后的干燥管可采用高频电火花真空测定仪测定真空度。

(8) 保藏

安瓿管冷却后装盒，置于 4℃冰箱内低温避光保藏。

(9) 质量检查

冷冻干燥后抽取若干支安瓿管进行各项指标检查，如存活率、生产能力、形态变异、杂菌污染情况等。

(10) 恢复培养

用 75%酒精消毒安瓿管外壁后，在火焰上烧热安瓿管上部。将无菌水滴在烧热处，使管壁出现裂缝，用镊子将裂口端敲开。加入合适的培养液，使干菌粉溶解。用无菌长颈滴管吸取菌液至培养基中，适温培养。

研究表明，冻干法保藏菌种的存活率受到多方面的影响。不同的微生物承受冻干处理过程的能力不同，所以，有些菌种如霉菌、菇类和藻类就不适合用冻干法保藏。冻干前的培养条件和菌龄也是影响因素，适宜条件下培养至稳定期的细胞和成熟的孢子具有较强的耐受冻干的能力。提倡采用较浓的菌悬液，虽然其存活率低，但绝对量比较高。保护剂对存活的影响很大，保护效果与保护剂化学结构有密切关系，有效的保护剂应对细胞和水有很强的亲和力，脱脂牛奶作为保护剂对多种微生物均有满意的结果。冻结速度慢会损坏细胞，而冻结速度过快，如几秒钟内就完成冻结，也会在细胞内形成冰晶，损害细胞膜，影响存活。干燥样品中残留 0.9%~2.5%的少量水分对微生物的生存有利。冻干管应避光保藏，尤其是避免直射光。适宜地恢复培养条件能够提高存活率。

4. 液氮超低温保藏法

在-130℃以下，微生物的新陈代谢趋于停止，处于休眠状态，而液氮是一种超低温液体,温度可达-196℃,因此用液氮超低温保藏法保藏菌种可减少死亡和变异,是当前公认的最有效的菌种长期保藏技术之一。其应用范围最为广泛,几乎所有微生物都可采用液氮超低温保藏。该法的优点是保藏时间长、效果好,缺点是价格昂贵,需要液氮冰箱等专门的设备,且需要经常补充液氮。

液氮超低温保藏过程是将菌种悬浮液封存于圆底安瓿管或塑料的液氮保藏管内(所选材料应能耐受较大温差骤然变化),放到-196~-150℃的液氮罐或液氮冰箱内保藏。操作过程中一大原则是"慢冻快融"。因为细胞冷冻损伤主要是细胞内结冰和细胞脱水造成的物理伤害。当细胞冷冻时,细胞内、外均会形成冰晶,其冻结的情况因冷冻的速度而异。冷冻速度缓慢时,只有细胞外形成冰晶,细胞内不结冰。而且细胞缓慢冷冻时,主要发生细胞脱水现象。轻度的脱水所产生的质壁分离损伤是可逆的,当脱水严重时,细胞内有的蛋白质、核酸等会发生永久性损伤,导致细胞死亡。当冷冻速度较快时,细胞内、外均形成冰晶,细胞内结冰,特别是大冰晶,会造成细胞膜损伤而使细胞死亡。对于抗冻性强的微生物,细胞外冻结几乎不会使细胞受损伤,而对于多数细胞来说,不论细胞外或细胞内冻结,均易受到损伤。为了减轻冷冻损伤程度,可采用保护剂。采用液氮保藏一般选用渗透性强的保护剂,如甘油和二甲亚砜。它们能迅速透过细胞膜,吸住水分子,保护细胞不致大量失水,延迟或逆转细胞膜成分的变性并使冰点下降。菌体的生长阶段对液氮保藏的效果也有影响。不同生理状态的微生物对冷冻损伤的抗性不同,一般来说,对数生长期菌体对冷冻损伤的抗性低于稳定期的菌体,对数生长期末期菌体的存活率最低。细胞解冻的速度对冷冻损伤的影响也很大,因为缓慢解冻会使细胞内再生冰晶或冰晶的形态发生变化而损伤细胞,一般采取快速解冻。在恢复培养时,将保藏管从液氮中取出后,立即放到38~40℃的水浴中振荡至菌液完全融化,此步骤应在1min内完成。

液氮超低温保藏的操作步骤如下。

(1)准备安瓿管(或冻存管)

液氮超低温保藏需要使用圆底硼硅玻璃制成的安瓿管或螺旋口的塑料冻存管。准备时需要先检查玻璃管是否有裂纹,若有裂纹则不可使用。将检查后的安瓿管或冻存管清洗干净,采用湿热灭菌法,即121℃下高压灭菌15~20min,备用。

(2)准备保护剂

根据微生物类别选择适合的保护剂种类。配制保护剂时,一般采用10%~20%甘油。

(3)准备微生物保藏物

考虑到微生物不同的生理状态对存活率的影响,一般在保藏时使用静止期或成熟期培养物。分装时需要在无菌条件下操作。

菌种的准备方法有以下几种:a. 刮取培养物斜面上的孢子或菌体,与保护剂混匀后加入安瓿管或塑料冻存管内;b. 接种液体培养基,振荡培养后取菌悬液与保护剂混合分装于安瓿管或塑料冻存管内;c. 将培养物在培养皿培养,形成菌落后,用无菌打孔器从平板上切取一些大小均匀的直径5~10mm的小块,真菌尽量取菌落边缘的菌块,与保护剂混匀后加入冻存管内;d. 在小安瓿管中装1.2~2mL的琼脂培养基,接种菌种,培养2~10d后,加入保护剂,待保藏。

(4) 预冻

预冻时温度不能下降过快,一般冷冻速度控制在每分钟下降1℃为宜,使样品冻结到-35℃。

目前常用的控温方法有3种:a. 程序控温降温法。应用计算机程序控制降温装置,可以稳定连续降温,能很好地控制降温速率。b. 分段降温法。将菌体在不同温级的冰箱或液氮罐口分段降温冷却,或悬挂于冰的气雾中逐渐降温。一般采用两步控温,将安瓿管或塑料冻存管先放在-40~-20℃冰箱中1~2h,再取出放入液氮罐中快速冷冻,这样冷冻速率为每分钟下降1~1.5℃。c. 对耐低温的微生物,可以直接放入气相或液相氮中。

(5) 保藏

将安瓿管或塑料冻存管置于液氮罐中保藏。一般气相中温度为-150℃,液相中温度为-196℃。

由于液氮易蒸发,因此在保藏期间要注意补充液氮,使液氮面保持在固定水平。在使用液氮容器时,需要注意容器不能拖动或者滚动,也不能叠加摆放;向液氮罐放入样品时,要缓慢操作,当心液氮飞溅;不能将液氮长时间储存在未盖的或者完全密封容器中。

5. 沙土管保藏法

沙土管保藏法的原理是造成干燥和寡营养的保藏条件使微生物的新陈代谢趋于停止。该法适用于产生孢子的丝状真菌、放线菌或形成芽孢的细菌的保藏,是国内常用的一种保藏方法。保藏期一般为几年,有的微生物可保藏10年以上。优点是保藏效果好、时间长、操作比较简便,缺点是不能用于保藏细菌营养体。

沙土管保藏法的操作步骤如下。

(1) 沙土管制备

将河沙用60目过筛,弃去大颗粒及杂质,再用80目过筛,去掉细沙。用吸铁石吸去铁质,放入容器中用10%盐酸浸泡。如果河沙中有机物较多,可用20%盐酸浸泡。24h后倒去盐酸,用水洗泡数次至中性,将沙子烘干或晒干。

另取瘦红土100目过筛,水洗至中性,烘干。

将处理后的沙、土,按质量比沙:土=2:1混合。把混匀的沙土分装入安瓿管或小试管中,高度为1cm左右。塞好棉塞,0.1MPa灭菌30min,或常压间歇灭菌3次,每次1h。

灭菌后在不同部位抽出若干管,分别加营养肉汁、麦芽汁、豆芽汁等培养基,经30℃培养24h,检查无微生物生长后方可使用。

(2) 斜面培养物的制备

①斜面接种

点接 把菌种点接在斜面中部偏下方处。适用于扩散型生长及绒毛状气生菌丝类霉菌(如毛霉、根霉等)。

中央划线 从斜面中部自下而上划一条直线。适用于细菌和酵母菌等。

稀波状蜿蜒划线法 从斜面底部自下而上划"之"字形线。适用于易扩散的细菌,也适用于部分真菌。

密波状蜿蜒划线法　从斜面底部自下而上划密"之"字形线。能充分利用斜面获得大量菌体细胞,适用于细菌和酵母菌等。

挖块接种法　挖取菌丝体连同少量琼脂培养基转接到新鲜斜面上。适用于灵芝等担子菌类真菌。

穿刺接种　用直的接种针从原菌种斜面上挑取少量菌苔,从柱状培养基中心自上而下刺入,直到接近管底(勿穿到管底),然后沿原穿刺途径慢慢抽出接种针。适用于细菌和酵母菌等。

液体接种　挑取少量固体斜面菌种或用无菌滴管等吸取原菌液接种于新鲜液体培养基中。

②培养　将接种后的培养基放入培养箱中,在适宜的条件下培养至细胞稳定期或得到成熟孢子。

(3)菌悬液的制备

①向培养好的斜面培养物中注入3~5mL无菌水,洗下细胞或孢子制成菌悬液。
②用无菌吸管吸取菌悬液,均匀滴入沙土管中,每管0.2~0.5mL。
③对于放线菌和霉菌,可直接挑取孢子拌入沙土管中。

(4)干燥

用真空泵抽去安瓿管中的水分并放置于干燥器内。需在12h内抽干,抽干时间越短越好。

(5)纯培养检查

从做好的沙土管中按10:1比例抽查。无菌条件下用接种环取出少量沙土粒,接种于适宜的固体培养基上,培养后观察其生长情况和有无杂菌生长。如果出现杂菌或菌落数很少,或根本不长菌,则须进一步抽样检查。

(6)保藏

将纯培养检查合格的沙土管用火焰熔封管口。制好的沙土管存放于低温(4~15℃)干燥处,半年检查一次活力及杂菌情况。也可将纯培养检查合格的沙土管直接用牛皮纸或塑料纸包好,置干燥器内保存。用此方法保藏时间为2~10年不等。

(7)恢复培养

在无菌条件下打开沙土管,取部分沙土粒于适宜的斜面培养基上进行培养,长出菌落后再转接一次。也可取沙土粒于适宜的液体培养基中,增殖培养后再转接至斜面培养基。

6. 甘油管保藏法

甘油管保藏法的操作步骤如下。

(1)甘油准备

首先将甘油配成80%浓度,然后按每瓶1mL的量分装到甘油瓶(3mL规格)中,121℃湿热灭菌。

(2)接种培养

将要保藏的菌种培养成新鲜的斜面,也可用液体培养基振荡培养成悬液。

(3)加无菌甘油

在培养好的斜面中注入 2~3mL 的无菌水,刮下斜面后振荡,使细胞充分分散,制成均匀的菌悬液。用无菌吸管吸取 1mL 菌悬液于上述装好甘油的无菌甘油瓶中,充分混匀后,使甘油终浓度为 40%。液体培养的菌液到对数期直接吸取 1mL 于甘油瓶中。

(4)保藏

将甘油管至于 –20℃ 的冰箱中保存。

(5)恢复培养

用接种环从甘油管中取一环甘油培养物,接种于新鲜培养基中恢复培养。由于菌种保藏时间较长,生长代谢较慢,故一般需要转接 2 次才能获得良好菌种。

7. 滤纸片保藏法

细菌、酵母菌、丝状真菌用滤纸片保藏法可保藏 2 年左右,有些丝状真菌保藏时间最长可达 10 年以上。

滤纸片保藏法较液氮超低温保藏法更加简便,不需要特殊的设备。具体操作方法如下。

(1)滤纸准备

将滤纸剪成 0.5cm×1.2cm 的小条,装入 0.6cm×8cm 的安瓿管中,每管 1~2 条,塞上棉塞,于 121℃ 蒸汽灭菌 30min。

(2)接种培养

将需要保存的菌种在适宜的斜面培养基上培养,使充分生长。

(3)制备菌悬液

取灭菌脱脂牛奶 1~2 滴加在灭菌培养皿或试管内,取数环菌苔在牛奶内混匀,制成浓菌悬液。用灭菌镊子自安瓿管取滤纸条浸入菌悬液内,使其吸饱,再放回安瓿管中,塞上棉塞。

(4)干燥处理

将安瓿管放入内有五氧化二磷作吸水剂的干燥器中,用真空泵抽气至干。

(5)保藏

将棉花塞入管内,用火焰熔封安瓿管口,保存于低温下。

(6)恢复培养

将安瓿管口在火焰上烧热,滴一滴无菌冷水在烧热的部位,使玻璃破裂,再用镊子敲掉口端的玻璃,取出滤纸,放入液体培养基内,置温箱中培养。

除了上述 7 种保藏方法外,还有寄主保藏法等。

二、菌种检验

每隔一段时间就需要对菌种进行抽样，并测定所抽取菌种的存活率、纯度和生产能力，然后根据情况确定是否可以继续保存，或复壮后重新保存，以确定保藏的效果。

(1) 存活率

在保藏前和保藏一段时间后要采用平板活菌落计数法，以得出其存活率。

(2) 纯度

在进行活菌计数的同时，要检查菌落形态。根据其形态变异的比例，来确定保藏前后的纯度变化。

(3) 生产能力

对保藏前后的菌种按照相同接种量和发酵条件进行摇瓶试验，比较保藏前后的生产能力。这项检查必须多次重复进行，最后得出分析结果。

巩固练习

1. 名词解释

菌种退化。

2. 判断题

(1) 斜面保藏法的保藏时间很长，能达到数十年。　　　　　　　　　　　　(　　)

(2) 菌种保藏后，等到需要使用的时候再恢复培养即可，期间不需要任何操作。(　　)

3. 选择题

(1) 采用斜面低温保藏法保藏菌种时，菌种放入冰箱中保存的温度是(　　)。

A. -10℃　　　　　B. -5℃　　　　　C. 0℃　　　　　D. 4℃

(2) 采用甘油管保藏法保藏菌种时，甘油终浓度为(　　)。

A. 20%　　　　　B. 30%　　　　　C. 40%　　　　　D. 80%

(3) 为了延长菌种保藏期，保藏菌种时应尽量采取低温、干燥和(　　)条件。

A. 见光　　　　　B. 供氧　　　　　C. 营养充足　　　D. 真空密封

4. 问答题

(1) 菌种退化的具体表现有哪些？

(2) 菌种退化的原因有哪些？

(3) 菌种退化的防止措施有哪些？

(4) 简述菌种保藏的原理及方法。

第八章 微生物营养和培养基

○ **项目描述：**

　　营养是一切生命活动所需物质之源。微生物在生命活动的过程中需要不断地从外界吸收营养物质，获取能量并合成自身的组成物质，以维持正常的生长和繁殖。不同种类的微生物所需的营养物质不同。

　　在生产实践中，常常要人工培养某一种微生物。培养基是供微生物生长和维持用的人工配制的养料，设计和配置培养基，是微生物学实验室和有关生产实践中的基本环节。微生物培养基的配方犹如人们的菜谱，新的种类总是层出不穷。仅据1930年的一本汇编(A Compilation of Culture Media)就记载了2500种培养基之多。

　　学习微生物的营养相关知识并掌握其中的规律，是认识、利用和深入研究微生物的必要基础，尤其对有目的地选用、改造和设计符合微生物生理要求的培养基，以便进行科学研究或用于生产实践，具有极其重要的作用。

○ **知识目标：**

　　1. 熟练掌握微生物碳源和氮源的概念，以及碳、氮源谱中的几种常见物质。
　　2. 熟练掌握微生物的能量谱类型。
　　3. 熟悉微生物的生长因子和无机盐种类，以及大量元素和微量元素的种类。
　　4. 熟练掌握微生物的营养类型及各类型对应的微生物典型实例。
　　5. 熟练掌握单纯扩散、促进扩散、主动运输和基团移位的含义，理解它们之间的关系。
　　6. 理解基团移位的分子机制。
　　7. 熟练掌握选用和设计培养基时应遵循的4个原则和4种方法。
　　8. 熟练掌握按对培养基成分的了解、按培养基外观的物理状态和按培养基对微生物的功能进行分类。
　　9. 熟悉掌握碳氮比的概念，及其对微生物生长的意义。
　　10. 掌握内源调节pH的两种方式。
　　11. 能够从氮源、氮源和能源的角度理解单功能营养物、双功能营养物和三功能营养物。

○ **能力目标：**

　　1. 能够从元素水平、分子水平和培养基原料水平列出微生物的碳源谱。
　　2. 能够从元素水平、分子水平和培养基原料水平列出微生物的氮源谱。

第八章 微生物营养和培养基

3. 能够正确区分光能营养型与化能营养型微生物，无机营养型与有机营养型微生物，自养型与异养型微生物、氨基酸自养型与氨基酸异养型微生物，原养型（或野生型）与营养缺陷型微生物，渗透营养型与吞噬营养型微生物，腐生与寄生微生物。

4. 能够正确区分通过膜上载体蛋白和不通过载体蛋白的运输方式。

5. 能够举例说明单纯扩散、促进扩散、主动运输和基团移位。

6. 能够描述磷酸转移酶系统运送某一具体糖的两个步骤及参与该过程的4种蛋白质。

7. 能够在遵循选用和设计培养基时的4个原则和4种方法，独立配制培养细菌和真菌的常用培养基。

8. 能够正确区分天然培养基、组合培养基与半组合培养基，液体培养基、固态培养基、半固体培养基与脱水培养基，选择性培养基与鉴别性培养基。

9. 能够以EMB培养基为例，分析该鉴别培养基所起鉴别作用的原理。

10. 能够准确使用磷酸缓冲液对微生物培养基进行内源调节。

11. 能够简单阐述水分活度对微生物生命活动的影响，以及对人类的生产实践和日常生活的意义。

第一节　微生物营养要素和营养类型

营养是指生物体从外部环境中摄取其生命活动必需的能量和物质，以满足正常生长和繁殖需要的一种最基本的生理功能。所以，营养是生命活动的起始点，它为一切生命活动提供了必需的物质基础。有了营养，才可以进一步进行代谢、生长和繁殖，并可能为人们提供种种有益的代谢产物和特殊的服务。营养物则指具有营养功能的物质，在微生物学中，还包括非常规物质形式的光辐射能在内。总之，微生物的营养物可为微生物的正常生命活动提供结构物质、能量、代谢调节物质和必要的生理环境。

目前知道，不论从元素水平或营养要素水平来分析，微生物的营养要求与摄食型的动物（包括人类）和光合自养型的绿色植物十分接近，它们之间存在着"营养上的统一性"。在元素水平上都需20种元素左右，且以碳、氢、氧、氮、硫、磷6种元素为主，在营养要素水平上，则都在六大类的范围内，即碳源、氮源、能源、生长因子、无机盐和水。

一、微生物的六类营养要素

1. 碳源

一切能满足微生物生长繁殖所需碳元素的营养物，称为碳源。微生物细胞含碳量约占干重的50%，故除水分外，碳源是需要量最大的营养物，又称大量营养物。若把所有微生物当作一个整体来看，其可利用的碳源范围（即碳源谱）是极其广泛的。

碳源谱可分为有机碳与无机碳两个大类。凡必须利用有机碳源的微生物，就是为数众多的异养微生物；反之，凡以无机碳源作主要碳源的微生物，则是种类较少的自养微生物。从元素水平、化合物水平直至培养基原料水平来考察碳源，可见其数目是逐级扩大的，甚至可多到无法计算。微生物能利用的碳源已大大超过了动物界或植物界所能利用的。有人认为，至今人类已发现或合成的700余万种有机物，对微生物而言，几乎都能分解或利用。

微生物的碳源谱虽广，但异养微生物在元素水平上的最适碳源则是"C·H·O"型。具体地说，"C·H·O"型中的糖类是最广泛被利用的碳源，其次是有机酸类、醇类和脂类等。在糖类中，单糖优于双糖和多糖，己糖优于戊糖，葡萄糖、果糖优于甘露糖、半乳糖；在多糖中，淀粉明显优于纤维素或几丁质等纯多糖，纯多糖则优于琼脂等杂多糖。在有机碳源中，"C·H·O·N"和"C·H·O·N·X"类虽也可被利用，但在设计培养基时，还应尽量避免把这两类主要用作宝贵氮源的化合物降格当作廉价的碳源使用。

上述碳源谱的广度是将微生物界作为一个整体来考虑的，如果针对具体物种来看，其碳源差异则极大。例如，洋葱假单胞菌有90种之多，而产甲烷菌仅能利用CO_2和少数一碳或二碳化合物，一些甲烷氧化菌则仅局限于甲烷和甲醇两种。

对一切异养微生物来说，其碳源同时又兼作能源，因此，这种碳源又称双功能营养物。必须指明的是，异养微生物虽然要利用各种有机碳源，但有些种类尤其是生长在动物血液、组织和肠道中的致病细菌，还需要提供少量CO_2作碳源才能满足其正常生长。

再有，在选用一种具体培养基原料时，不要简单地认为它就是一种纯粹的"营养要素"，例如，糖蜜原是制糖工业中的一种被当作废液处理的副产品，甜薯干、马铃薯、玉米粉或红糖等都是发酵工业中的常用原料，习惯上把它们都当作碳源使用，而事实上它们却几乎包含了微生物所需要的全部营养要素，如糖类、氨基酸、有机酸、维生素、无机盐和色素等，只是各要素间的比例不一定合适而已。

2. 氮源

凡能提供微生物生长繁殖所需氮元素的营养源，称为氮源。氮是构成重要生命物质蛋白质和核酸等的主要元素，氮占细菌细胞干重的12%~15%，故与碳源相似，氮源也是微生物的主要营养物。若把微生物作为一个整体来看，则它们能利用的氮源范围(即氮源谱)也是十分广泛的。

微生物的氮源谱有许多特点。与碳源谱类似，微生物的氮源谱也明显比动物或植物的广。一般地说，异养微生物对氮源的利用顺序是："N·C·H·O"或"N·C·H·O·X"类优于"N·H"类，更优于"N·O"类，而最不易利用的则是"N"类(只有少数固氮菌、根瘤菌和蓝细菌等可利用它)。在微生物培养基成分中，最常用的有机氮源是牛肉浸出物(牛肉膏)、酵母膏、植物的饼粕和蚕蛹粉等，由动、植物蛋白质经酶消化后的各种蛋白胨尤为广泛使用。

从微生物所能利用的氮源种类来看，存在着一个明显的界限：一部分微生物是不需要利用氨基酸作氮源的，它们能利用尿素、铵盐、硝酸盐甚至氮气等简单氮源自行合成所需要的一切氨基酸，因而可称为氨基酸自养型微生物；反之，凡需要从外界吸收现成的氨基酸作氮源的微生物，就是氨基酸异养型微生物。对微生物氮源进行这种分类具有重要的实践意义。因为人类和大量直接、间接地为人类服务的动物都需要外界提供现成的氨基酸和蛋白质，而这些营养成分往往又是在食物(或饲料、饵料)中较缺少的。为了充实人和动物的氨基酸营养，除了继续向绿色植物索取外，还应更多地利用氨基酸自养型微生物，让它们将人或动物原先无法利用的廉价氮源（包括尿素、铵盐、硝酸盐或氮气等）转化成菌体蛋白（SCP或食用菌等）或含氮的代谢产物（谷氨酸等氨基酸），以丰富人类的营养和扩大食物资源。

3. 能源

能为微生物生命活动提供最初能量来源的营养物或辐射能，称为能源。由于各种异养微生物的能源就是其碳源，因此，它们的能源谱就显得十分简单。化能自养型微生物的能源十分独特，它们都是一些还原态的无机物质，如 NH_4^+、NO_2^-、S、H_2S、H_2 和 Fe^{2+} 等。能利用这种能源的微生物都是一些原核生物，包括亚硝酸细菌、硝酸细菌、硫化细菌、硫细菌、氢细菌和铁细菌等。化能自养型微生物的存在，使人们扩大了对生物圈能源的认识，改变了以往认为生物界只是直接或间接利用太阳能的旧观念。

某一营养物同时具有几种营养要素的功能。例如，光辐射能是单功能营养"物"（能源），一些还原态的无机物 NH_4^+ 是双功能营养物（能源、氮源），而氨基酸类则是三功能营养物（碳源、氮源、能源）。

4. 生长因子

生长因子是一类调节微生物正常代谢所必需，但不能用简单的碳、氮源自行合成的有机物。由于它没有能源和碳、氮源等的功能，因此需要量一般很少。广义的生长因子除了维生素外，还包括碱基、卟啉及其衍生物、甾醇、胺类、$C_4 \sim C_6$ 的分支或直链脂肪酸，有时还包括氨基酸营养缺陷突变株所需要的氨基酸在内；而狭义的生长因子一般仅指维生素。

生长因子虽然属于一类重要营养要素，在微生物新陈代谢过程中有着至关重要的作用，但它与碳源、氮源和能源有所区别，即并非任一类具体的微生物都需要外界为其提供生长因子。按微生物对生长因子的需要与否，把它们分成3种类型。

（1）生长因子自养型微生物

它们不需要从外界吸收任何生长因子，多数真菌、放线菌和不少细菌如大肠埃希氏菌等都属这类。

（2）生长因子异养型微生物

它们需要从外界吸收多种生长因子才能维持正常生长，如各种乳酸菌、动物致病菌、支原体和原生动物等。一般的乳酸菌都需要多种维生素；许多微生物及其营养缺陷突变株需要碱基；流感嗜血杆菌需要卟啉及其衍生物；支原体常需要甾醇；副溶血嗜血杆菌需要胺类；一些瘤胃微生物需要 $C_4 \sim C_6$ 分支或直链脂肪酸；某些厌氧菌如产黑素拟杆菌需要维生素A和氯高铁血红素；等等。

在各种色层分析方法还未普及前，生长因子异养型的微生物如乳酸菌等曾被用于维生素等生长因子的生物测定中。

（3）生长因子过量合成的微生物

少数微生物在其代谢活动中能合成并大量分泌某些维生素等生长因子，因此，可作为有关维生素的生产菌种。例如，可用阿舒假囊酵母或棉阿舒囊霉生产维生素 B_2，可用谢氏丙酸杆菌、若干链霉菌和产甲烷菌生产维生素 B_{12} 等。

在配制培养基时，一般可用生长因子含量丰富的天然物质作原料以保证微生物对它们的需要，如酵母膏、玉米浆（一种浸制玉米制取淀粉后产生的副产品）、肝浸液、麦芽汁或其他新鲜动、植物的汁液等。

5. 无机盐

无机盐或矿质元素主要可为微生物提供除碳、氮源以外的各种重要元素。凡生长所需浓度在 $1×10^{-4}$~$1×10^{-3}$ mol/L 范围内的元素，可称为大量元素，如 P、S、K、Mg、Na 和 Fe 等；凡所需浓度在 $1×10^{-8}$~$1×10^{-6}$ mol/L 范围内的元素，则称微量元素，如 Cu、Zn、Mn、Mo、Co、Ni、Sn 和 Se 等。当然，这是为工作方便而人为地划分的，不同种微生物所需的无机元素浓度有时差别很大。例如，G^- 细菌所需 Mg 就比 G^+ 细菌约高 10 倍。

无机盐的营养功能十分重要，在配制微生物培养基时，大量元素只要加入相应化学试剂即可，但其中首选的应是 K_2HPO_4 和 $MgSO_4$，因为它们可同时提供 4 种需要量最大的元素。对其他需要量较少的元素而言，因在其他天然成分、一般化学试剂、天然水或玻璃器皿中都以杂质状态普遍存在，故除非做特别精密的营养、代谢研究，一般没有专门添加的必要。

6. 水

除蓝细菌等少数微生物能利用水中的氢来还原 CO_2 以合成糖类外，其他微生物并非真正把水当作营养物。即使如此，由于水在微生物代谢活动中的不可缺少性，故仍应将其作为营养要素来考虑。

水是地球上整个生命系统存在和发展的必要条件。首先，它是一种最优良的溶剂，可保证几乎一切生物化学反应的进行；其次，它可维持各种生物大分子结构的稳定性，并参与某些重要的生物化学反应；此外，它还有许多优良的物理性质，诸如高比热容、高汽化热、高沸点以及固态时密度小于液态等，这些都是保证生命活动十分重要的特性。

微生物细胞的含水量很高，细菌、酵母菌和霉菌的营养体分别含水 80%、75% 和 85% 左右，霉菌孢子约含 39% 的水，而细菌芽孢核心部分的含水量则低于 30%。

二、微生物的营养类型

营养类型是指根据微生物生长所需要的主要营养要素即能源和碳源的不同而划分的微生物类型。微生物营养类型的划分方法很多，较多的是按它们对能源、氢供体和基本碳源的需要来区分，具体如下：

以能源作为分类标准，微生物营养类型分为光能营养型和化能营养型；以氢供体作为分类标准，微生物营养类型分为无机营养型和有机营养型；以碳源作为分类标准，微生物营养类型分为自养型和异养型；以合成氨基酸能力作为分类标准，微生物营养类型分为氨基酸自养型和氨基酸异养型；以生长因子作为分类标准，微生物营养类型分为原养型（或野生型）和营养缺陷型；以取食方式作为分类标准，微生物营养类型分为渗透营养型和吞噬营养型；以营养物的来源是否有生命作为分类标准，微生物营养类型分为腐生和寄生。

第二节　营养物质进入细胞的方式

除原生动物外，其他各大类有细胞的微生物都是通过细胞膜的渗透和选择吸收作用而从外界吸取营养物质的。细胞膜运送营养物质有4种方式，即单纯扩散、促进扩散、主动运输和基团移位。

一、单纯扩散

单纯扩散又称被动运送，指疏水性双分子层细胞膜（包括孔蛋白在内）在无载体蛋白参与下，单纯依靠物理扩散方式让许多小分子、非电离分子尤其是亲水性分子被动通过的一种物质运送方式。通过这种方式运送的物质种类不多，主要是O_2、CO_2、乙醇和某些氨基酸分子。由于单纯扩散对营养物的运送缺乏选择能力和逆浓度梯度的"浓缩"能力，因此不是细胞获取营养物质的主要方式。

二、促进扩散

促进扩散指溶质在运送过程中，必须借助存在于细胞膜上的底物特异载体蛋白的协助，但不消耗能量的一类扩散性运送方式。载体蛋白有时被称作渗透酶、移位酶或移位蛋白，一般通过诱导产生，它借助自身构象的变化，在不耗能的条件下可加速把膜外高浓度的溶质扩散到膜内，直至膜内、外该溶质浓度相等为止。例如，酿酒酵母对各种糖、氨基酸和维生素的吸收，以及大肠埃希氏菌对甘油的吸收等。

三、主动运输

主动运输指一类须提供能量（包括ATP、质子动势或"离子泵"等）并通过细胞膜上特异性载体蛋白构象的变化，而使膜外环境中低浓度的溶质运入膜内的一种运送方式。由于它可以逆浓度梯度运送营养物质，所以对许多生存于低浓度营养环境中的贫养菌（或称寡养菌）的生存极为重要。主动运送的营养物质很多，主要有无机离子、有机离子和一些糖类（乳糖、葡萄糖、麦芽糖或蜜二糖）等。在大肠埃希氏菌中，通过主动运送，1分子乳糖约耗费0.5分子ATP，而运送1分子麦芽糖则要耗费1.0~1.2ATP。

四、基团移位

基团移位指一类既需特异性载体蛋白的参与，又需耗能的一种物质运送方式，其特点是溶质在运送前后还会发生分子结构的变化，因此不同于一般的主动运送。

基团移位主要用于运送各种糖类（葡萄糖、果糖、甘露糖和N-乙酰葡萄糖胺等）、核苷酸、丁酸和腺嘌呤等物质。其运送机制在大肠埃希氏菌中研究得较为清楚，主要靠磷酸转移酶系统即磷酸烯醇式丙酮酸-糖磷酸转移酶系统进行。此系统由24种蛋白质组成，运送某一具体糖至少有4种蛋白质参与。其特点是每输入一个葡萄糖分子，就要消耗一个ATP的能量。具体运送分两步进行：

(1) 热稳载体蛋白(HPr)的激活

细胞内高能化合物——磷酸烯醇式丙酮酸(PEP)的磷酸基团通过酶 I 的作用而把 HPr 激活。

HPr 是一种低相对分子质量的可溶性蛋白,结合在细胞膜上,起着高能磷酸载体的作用。酶 I 是一种可溶性细胞质蛋白。HPr 和酶 I 在磷酸转移酶系统中均无底物特异性。

(2) 糖经磷酸化而被运入细胞膜内

膜外环境中的糖分子先与细胞膜外表面上的底物特异膜蛋白——酶Ⅱc结合,接着糖分子被由 P-HPr→酶Ⅱa→酶Ⅱb 逐级传递来的磷酸基团激活,最后通过酶Ⅱc再把这一磷酸糖释放到细胞质中。

由上可知,酶Ⅱ共有 3 种,其中Ⅱa 为细胞质蛋白,无底物特异性,而Ⅱb 和Ⅱc 均为膜蛋白,它们对底物具有特异性,可通过诱导产生,因此种类很多。

在大肠埃希氏菌、金黄色葡萄球菌、枯草芽孢杆菌和巴氏梭菌中,葡萄糖就是通过基团移位方式自外环境运送入细胞内的。

第三节 培养基

培养基是指由人工配制的、适合微生物生长繁殖或产生代谢产物用的混合营养料。任何培养基都应具备微生物生长所需要的六大营养要素,且其间的比例是合适的。制作培养基时应尽快配制并立即灭菌,否则就会杂菌丛生,并破坏其固有的成分和性质。

绝大多数微生物都可在人工培养基上生长,只有少数称作难养菌的寄生或共生微生物,如类支原体(MLO)、类立克次氏体(RLO)和少数寄生真菌等,至今还不能在人工培养基上生长。

一、培养基的种类

培养基的名目繁多、种类各异,以下按 3 个大类予以介绍,并各举几个实例。

1. 按对培养基成分的了解进行分类

(1) 天然培养基

天然培养基指一类利用动、植物或微生物体(包括用其提取物)制成的培养基,这是一类营养成分既复杂又丰富、难以说出其确切化学组成的培养基。例如,培养多种细菌所用的牛肉膏蛋白胨培养基,培养酵母菌的麦芽汁培养基等。天然培养基的优点是营养丰富、种类多样、配制方便、价格低廉,缺点是成分不清楚、不稳定。因此,这类培养基只适合于一般实验室中的菌种培养、发酵工业中生产菌种的培养和某些发酵产物的生产等。

在实验室中配制这类培养基时,还常用商品形式的天然材料,包括酪蛋白、大豆蛋白、牛肉膏、酵母粉以及它们的酶解或酸解产物(如各种蛋白胨)等。

(2) 组合培养基

组合培养基又称合成培养基或综合培养基,是一类按微生物的营养要求精确设计后用多种高纯化学试剂配制成的培养基。例如，培养大肠埃希氏菌等细菌用的葡萄糖铵盐培养基，培养一些链霉菌的淀粉硝酸盐培养基(常称高氏一号培养基)，培养真菌的蔗糖硝酸盐培养基(即察氏培养基)等。组合培养基的优点是成分精确、重演性高，缺点是价格较贵、配制麻烦，且微生物生长比较一般，因此，通常仅适用于营养、代谢、生理、生化、遗传、育种、菌种鉴定或生物测定等对定量要求较高的研究工作中。

(3)半组合培养基

半组合培养基又称半合成培养基，指一类主要以化学试剂配制，同时还加有某种或某些天然成分的培养基，如培养真菌的马铃薯蔗糖培养基等。严格地讲，凡含有未经特殊处理的琼脂的任何组合培养基，因其中含有一些未知的天然成分，故实质上也看作是一种半组合培养基。

2. 按培养基外观的物理状态进行分类

(1)液体培养基

液体培养基是一类呈液体状态的培养基，在实验室和生产实践中用途广泛，尤其适用于大规模地培养微生物。

(2)固体培养基(solid media)

固体培养基是一类外观呈固体状态的培养基。根据固态的性质又可分为：

①固化培养基　常称"固体培养基"，由液体培养基中加入适量凝固剂而成，如加有1%～2%琼脂或5%～12%明胶的液体培养基，就可制成遇热可融化、冷却后则呈凝固态的用途最广的固化培养基。除琼脂和明胶外，海藻酸胶、脱乙酰吉兰糖胶和多聚醇F127也可以用作凝固剂，但是，琼脂是最优良的凝固剂，它自19世纪80年代开始被用于配制微生物培养基以来，至今久盛不衰。

②非可逆性固化培养基　是一类一旦凝固后不能再重新融化的固化培养基，如血清培养基或无机硅胶培养基等，后者专门用于化能自养型细菌的分离和纯化等方面。

③天然固态培养基　由天然固态基质直接配制成的培养基，如培养真菌用的由麸皮、米糠、木屑、纤维或稻草粉配制成的培养基；由马铃薯片、胡萝卜条、大米、麦粒、大豆、面包或动、植物组织直接制备的培养基等。

④滤膜　是一种坚韧且带有无数微孔的醋酸纤维薄膜。若把滤膜制成圆片覆盖在营养琼脂或浸有液体培养基的纤维素衬垫上，就形成具有固化培养基性质的培养条件。滤膜主要用于对含菌量很少的水中微生物进行过滤、浓缩，然后揭下滤膜，把它放在含有适当液体培养基的衬垫上培养，待长出菌落后，就可计算单位水样中的实际含菌量。

固体培养基在科学研究和生产实践上用途很广，例如，可用于菌种分离、鉴定，菌落计数，检验杂菌，选种、育种，菌种保藏，生物活性物质的生物测定，获取大量真菌孢子，以及用于微生物的固体培养和大规模生产等。

(3)半固体培养基

半固体培养基指在液体培养基中加入少量的凝固剂而配制成的半固体状态培养基，一般可在液体培养基中加入0.5%左右的琼脂制成。如"稀琼脂"，它在小型容器倒置时不会流出，但在剧烈振荡后则呈破散状态。半固体培养基可放入试管中形成"直立柱"，用于细菌的动力观察，趋化性研究，厌氧菌的培养、分离和计数，以及细菌和酵母菌的菌种保藏等；若用于双层平板法中，还可测定噬菌体的效价。

(4) 脱水培养基

脱水培养基又称脱水商品培养基或预制干燥培养基，指含有除水以外的一切成分的商品培养基，使用时只要加入适量水分并加以灭菌即可，是一类既成分精确又使用方便的现代化培养基。

3. 按培养基的功能进行分类

(1) 选择性培养基

选择性培养基是一类根据某微生物的特殊营养要求或其对某化学、物理因素的抗性而设计的培养基，具有使混合菌样中的劣势菌变成优势菌的功能，广泛用于菌种筛选等领域。选择性培养基是 19 世纪末由荷兰的 M. W. Beijerinck 和俄国的 S. N. Vinogradsky 所发明。我国人民在南宋时期，就已根据红曲霉具有耐酸和耐高温的特性，采用由明矾调节酸度和酸米抑制杂菌的高温培养法，获得了纯度很高的红曲，这实际上就是应用选择性培养基的先例；我国民间流传至今的泡菜制作，也是利用选择性培养基和培养法的一个实例。

原始混合试样中数量很少的微生物，如果按常规直接用平板划线或稀释法进行分离，必难奏效。这时，第一种办法是利用该分离对象对某种营养物有特殊"嗜好"的特性，在培养基中加入该营养物，从而把它制成一种加富性选择培养基。采用这类"投其所好"的策略后，就可使原先极少量的筛选对象很快在数量上接近或超过原试样中其他占优势的微生物，因而达到了富集或增殖的目的。第二种办法则是利用该分离对象对某种物质所特有的抗性，在筛选的培养基中加入这种制菌物质，经培养后，使原有试样中对此抑制剂表现敏感的优势菌的生长大受抑制，而原先处于劣势的分离对象却能大量增殖，最终在数量上反而占了优势。通过这种"取其所抗"的办法，也可达到富集培养的目的。这种培养基实为一种抑制性选择培养基。在实际应用时，所设计的选择性培养基通常都兼有上述两种功能，以充分提高其选择效率。

用于加富的营养物主要是一些特殊的碳源或氮源，如甘露醇可富集自生固氮菌，纤维素可富集纤维分解菌，石蜡油可富集分解石油的微生物，较浓的糖液可用来富集酵母菌等；用作抑制他种微生物的选择性抑菌剂有染料（结晶紫等）、抗生素、脱氧胆酸钠和叠氮化钠等；用于选择性的其他理化因素还有温度、氧、pH 和渗透压等。

(2) 鉴别性培养基

鉴别性培养基是一类在成分中加有能与目的菌的无色代谢产物发生显色反应的指示剂，从而达到只需用肉眼辨别颜色就能方便地从近似菌落中找出目的菌落的培养基。最常见的鉴别性培养基是伊红美蓝乳糖培养基，即 EMB(eosin methylene blue) 培养基。它在饮用水、牛奶的大肠菌群数等细菌学检查和在大肠埃希氏菌的遗传学研究工作中有着重要的用途。

EMB 培养基中的伊红和美蓝两种苯胺染料可抑制 G^+ 细菌和一些难培养的 G^- 细菌，在低酸度下，这两种染料会结合并形成沉淀，起着产酸指示剂的作用。因此，试样中多种肠道细菌会在 EMB 培养基平板上产生易于用肉眼识别的多种特征性菌落，尤其是大肠埃希氏菌，因其能强烈分解乳糖而产生大量混合酸，菌体表面带 H^+，故可染上酸性染料伊红，又因伊红与美蓝结合，故使菌落染上深紫色，且从菌落表面的反射光中还可看到绿色金属闪光(似金龟子色)。

需要特别说明的是，以上关于选择性培养基和鉴别性培养基的划分只是人为的、为理解方便而定的理论标准。在实际应用时，这两种功能常常有机地结合在一起，例如，上述 EMB 培养基除有鉴别不同菌落特征的作用外，同时兼有抑制 G^+ 细菌和促进 G^- 肠道菌生长的作用。因此，切不可只顾培养基的"名"而机械地去思其"义"。

二、选用和设计培养基的原则和方法

综合文献资料和实践经验，在选用和设计培养基时，应遵循以下 4 个原则和 4 种方法。

1. 4 个原则

(1) 目的明确

在设计新培养基前，先要明确拟培养何菌，获何产物，是用于实验室研究还是大规模生产，是进行一般研究还是精密的生理、生化或遗传学研究，是用作"种子"培养基还是发酵培养基，是生产含氮量低的发酵产物(如乙醇、乳酸、丙酮、丁醇、柠檬酸等)还是生产含氮量高的产物(如氨基酸、酶制剂、SCP 等)。根据不同的工作目的，运用自己丰富的生物化学和微生物学知识，可为提出最佳试验方案打下良好的基础。

(2) 营养协调

对微生物细胞组成元素的调查或分析结果，是设计培养基时的重要参考依据。微生物细胞内各种成分间有一个较稳定的比例。在大多数为化能异养型微生物配制的培养基中，除水分外，碳源(兼能源)的含量最高，其后依次是氮源、大量元素和生长因子。

碳源与氮源含量之比即称碳氮比(C/N 比)。严格来讲，C/N 比应是指在微生物培养基中所含的碳源中的碳原子物质的量与氮源中的氮原子物质的量之比。这是因为，在不同种类的碳源或氮源分子中，其实际含碳量或含氮量差别很大。

一般地讲，真菌需 C/N 比较高的培养基(似动物的"素食")，细菌尤其是动物病原菌需 C/N 比较低的培养基(似动物的"荤食")。

(3) 理化适宜

培养基的 pH、渗透压、水分活度和氧化还原势等物理化学条件应较为适宜。

① pH 从整体上来看，各大类微生物都有其生长适宜的 pH 范围，如细菌为 7.0~8.0，放线菌为 7.5~8.5，酵母菌为 3.8~6.0，霉菌为 4.0~5.8，藻类为 6.0~7.0，原生动物为 6.0~8.0。但对某一具体微生物物种来说，其生长的最适 pH 范围常可大大突破上述界限，其中一些嗜极菌更为突出。

由于在微生物(尤其是一些产酸菌)的生长、代谢过程中会产生引起培养基 pH 改变的代谢产物，如果不及时调节 pH，就会抑制甚至杀死微生物，因而在设计此类培养基时，要考虑培养基成分对 pH 的调节能力，这种通过培养基内在成分所起的调节作用，可称作 pH 的内源调节。内源调节方式主要有两种：

借磷酸缓冲液进行调节　例如，调节 K_2HPO_4 和 KH_2PO_4 两者浓度比即可获得 pH 6.0~7.6 的一系列稳定的 pH，当两者为等物质的量浓度比时，溶液的 pH 可稳定在 6.8。

以 $CaCO_3$ 作"备用碱"进行调节　$CaCO_3$ 在水溶液中溶解度极低，故将它加入液体或固体培养基中时，并不会提高培养基的 pH。但当微生物生长过程中不断产酸时，却可溶解 $CaCO_3$，从而发挥其调节培养基 pH 的作用。因为 $CaCO_3$ 既不溶于水，又是沉淀性的，故配制培养基时很难使它分布均匀，为方便起见，有时可用 $NaHCO_3$ 来调节。

与内源调节相对应的是外源调节，这是一类按实际需要不断从外界添加酸或碱液，以调整培养液 pH 的方法。

②渗透压和水分活度　渗透压是某水溶液中一个可用压力来量度的物化指标，它表示两种不同浓度的溶液间若被一个半透性薄膜隔开，稀溶液中的水分子会因水势的推动而透过隔膜流向浓溶液，直至浓溶液所产生的机械压力足以使两边水分子的进出达到平衡为止，这时由浓溶液中的溶质所产生的机械压力，即为它的渗透压值。渗透压的大小是由溶液中所含有的分子或离子的质点数所决定的。等重的物质，其分子或离子越小，则质点数越多，因而产生的渗透压就越大。与微生物细胞渗透压相等的等渗溶液最适宜微生物的生长，高渗溶液则会使细胞发生质壁分离，而低渗溶液则会使细胞吸水膨胀，形成很高的膨压（如大肠埃希氏菌细胞的膨压可达 202.65kPa 或与汽车胎压相当），这对细胞壁脆弱或各种缺壁细胞如原生质体、球状体或支原体来说，则是致命的。当然，微生物在其长期进化过程中，已进化出高度适应渗透压变化的特性，例如，可通过体内糖原、PHB 等大分子贮藏物的合成或分解来调节细胞内的渗透压。据测定，G^+ 细菌的渗透压可达 2026.5kPa，G^- 细菌的则可达到 506.62~1013.25kPa。

水分活度（α_w）是一个比渗透压更有生理意义的物理化学指标。了解各类微生物生长的 α_w，不仅有利于设计它们的培养基，而且还对防止食物的霉腐具有指导意义。

③氧化还原势　又称氧化还原电位，是量度某氧化还原系统中还原剂释放电子或氧化剂接受电子趋势的一种指标。氧化还原势一般以 E_h 表示，它是指以氢电极为标准时某氧化还原系统的电极电位值，单位是 V（伏）或 mV（毫伏）。

就像微生物与 pH 的关系那样，各种微生物对其培养基的氧化还原势也有不同的要求。一般好氧菌生长的 E_h 值为 +0.3~+0.4V，兼性厌氧菌在 +0.1V 以上时进行好氧呼吸产能，在 +0.1V 以下时则进行发酵产能；而厌氧菌只能生长在 +0.1V 以下的环境中。在实验室中，为了培养严格厌氧菌，除应驱走空气中的氧外，还应在培养基中加入适量的还原剂，包括硫基乙酸、维生素 C、硫化钠、半胱氨酸、铁屑、谷胱甘肽或庖肉（瘦牛肉粒）等，以降低它的氧化还原势。例如，加有铁屑的培养基，其 E_h 值可降至 -0.40V 的低水平。

测定氧化还原势值除用电位计外，还可使用化学指示剂，如刃天青等。刃天青在无氧条件下呈无色（E_h 相当于 -40mV）；在有氧条件下，其颜色与溶液的 pH 相关，一般在中性时呈紫色，碱性时呈蓝色，酸性时为红色；在微含氧溶液中，则呈现粉红色。

(4) 节约经济

在设计大规模生产用的培养基时，经济节约的原则显得十分重要。在生产实践中，大体可从以下几个方面去实施。

① 以粗代精　指以粗制的培养基原料代替纯净的原料，如用糖蜜取代蔗糖等。

② 以"野"代"家"　指以野生植物原料代替栽培植物原料，如用木薯粉代替优质淀粉等。

③ 以废代好　指将生产中营养丰富的废气物作为培养基的原料，如造纸厂的亚硫酸废液（含戊糖）可培养酵母菌，豆制品厂的黄浆水可培养白地霉等。

④ 以简代繁　生产上改进培养基成分时，一般存在着越作改进，其成分越丰富和复杂，故有时应转换一下思维方式，去尝试一下"减法"。

⑤ 以氮代肮　即尽量利用氨基酸自养型微生物的生物合成能力，以廉价的大气氮、铵盐、硝酸盐或尿素等来代替氨基酸或蛋白质，作为配制培养基的原料。

⑥ 以纤代糖　在微生物碳源中，在可能的条件下，尽量以纤维素代替淀粉或糖类原料，设法降低生产成本。

⑦ 以烃代粮　指以石油或天然气作碳源培养某些石油微生物，从而节约宝贵的粮食原料。在微生物中，已知有28属细菌、12属酵母菌和30属丝状真菌能降解石油或利用天然气。如果让这类"石油微生物"利用石油或天然气生产一些不易用粮食原料生产的特殊化工原料（高级醇、脂肪酸和环烷酸等）以及副产品——单细胞蛋白，应是十分有价值的工作。

⑧ 以"国"代"进"　即以国产原料代替进口原料，这实为"以粗代精"的另一特殊形式。典型实例是20世纪50年代初，我国抗生素工业刚开始建立，国内由于缺乏乳糖和玉米浆这两种青霉素发酵中的主要原料而严重影响生产的发展。当时我国学者根据以国产代替进口的原则，终于找到用廉价的棉籽饼或花生饼粉代替玉米浆、以白玉米粉代替乳糖等富有中国特色的培养基配方，推动了青霉素发酵工业的快速发展。

2. 4 种方法

(1) 生态模拟

在自然条件下，凡有某种微生物大量生长繁殖的环境，必存在着该微生物所必要的营养和其他条件。若直接取用这类自然基质（经过灭菌）或模拟这类自然条件，就可获得一个"初级的"天然培养基。例如，可用肉汤、鱼汁培养细菌，用果汁培养酵母菌，用润湿的麸皮、米糠培养霉菌以及用米饭或面包培养根霉等。

(2) 参阅文献

任何科技工作者绝不能事事都靠直接经验。多查阅、分析和利用文献资料上一切与研究对象直接或间接有关的信息，对设计新培养基有着重要的参考价值，因此，要时时注意和收集这类文献资料。

(3) 精心设计

在设计、试验新配方时，常常要对多种因子进行比较和反复试验，工作量极大。借助于优速法或正交试验设计等行之有效的数学工具，可明显提高工作效率。

(4)试验比较

要设计一种优化的培养基，在上述三项工作的基础上，还需经过具体试验和比较才能最后予以确定。试验的规模一般都遵循由定性到定量、由小到大及由实验室到工厂等逐步扩大的原则。例如，可先在琼脂平板上测试某微生物的营养要求，然后作摇瓶培养或台式发酵罐培养试验，最后才扩大到试验型发酵罐并进一步放大到生产型发酵罐中进行试验。

巩固练习

1. 名词解释

碳源，氮源，氨基酸自养型微生物，能源，自养型微生物，生长因子，单功能营养物，双功能营养物，多功能营养物，基团移位，选择性培养基，鉴别性培养基，碳氮比，固态培养基。

2. 问答题

(1)试从元素水平、分子水平和培养基原料水平列出微生物的碳源谱。

(2)试从元素水平、分子水平和培养基原料水平列出微生物的氮源谱。

(3)试举几种氨基酸自养微生物的代表菌，并说明其在实践上的重要性。

(4)试以能源为主、碳源为辅对微生物的营养类型进行分类。

(5)自养微生物有几种主要生理类型？举例说明。

(6)生长因子包括哪几类化合物？微生物与生长因子的关系有哪几类？试举例加以说明。

(7)试述基因移位的分子机制。

(8)水分活度对微生物的生命活动有何影响？对人类的生产实践和日常生活有何意义？

(9)试举一例，并分析选择性培养基的原理。

(10)试以 EMB 培养基为例，分析其鉴别作用的原理。

(11)培养基中各营养要素的含量一般遵循何种顺序？试分析其中的原理。

(12)试对 5 种分子式清楚的常用氮源按其含氮量的高低排一个次序。

(13)固态培养基有何用途？试列表比较 4 类固态培养基。

第九章 微生物生长

◯ 项目描述：

微生物在自然界或在人类活动中发挥了巨大作用，关键在于其巨大的数量，而生长和繁殖是确保其获得巨大数量的生理基础。根据微生物的生长曲线可以明确微生物的生长规律，了解微生物各个生长时期的特点。学习微生物的生长曲线，有助于依据所希望得到的物质来控制微生物生长，对生产实践具有重大的指导意义。

◯ 知识目标：

1. 熟练掌握菌落形成单位(CFU)的概念。
2. 掌握直接法和间接法等生长量测定方法。
3. 掌握直接法和间接法等计算繁殖数的方法。
4. 了解微生物个体生长和同步生长的含义和二者的关系。
5. 熟练掌握微生物典型生长曲线的4个时期及其划分依据和特点。
6. 掌握初生代谢产物和次生代谢产物的概念。
7. 了解微生物的连续培养和高密度培养设备和工艺。
8. 熟悉好氧菌和厌氧菌的固体培养。
9. 熟悉好氧菌和厌氧菌的液体培养。
10. 了解生产实践中微生物的固体培养法和液体培养法装置。

◯ 能力目标：

1. 能够准确识别平板上(内)的菌落形成单位。
2. 能够利用比浊法测定微生物生长量。
3. 能够利用浇注平板法和涂布平板法对微生物进行菌落计数。
4. 能够举例说明使微生物同步生长的环境条件诱导法和机械筛选法。
5. 能够举例说明微生物典型生长曲线4个时期的特点和影响因素。
6. 能够正确区分初生代谢产物和次生代谢产物。
7. 能够解释稳定期到来的原因。
8. 能够简单分析生产中连续发酵失败可能的原因。
9. 能够独立完成试管斜面和琼脂平板等好氧菌的固体培养操作。
10. 能够独立完成试管液体培养、锥形瓶浅层液体培养和摇瓶培养等好氧菌的固体培养操作。
11. 能够阐述生产实践上微生物培养装置发展的几大趋势，并总结其中的规律。

第一节 微生物生长规律

微生物不论在自然条件下还是在人为条件下发生作用，都是通过"以数取胜"或"以量取胜"的。生长和繁殖就是保证微生物获得巨大数量的必要前提。可以说，没有一定数量就等于没有它们的存在。

一个微生物细胞在合适的外界环境条件下，会不断地吸收营养物质，并按其自身的代谢方式不断进行新陈代谢。如果同化(合成)作用的速度超过了异化(分解)作用，则其原生质的总量(重量、体积、大小)就不断增加，于是出现了个体细胞的生长；如果这是一种平衡生长，即各种细胞组分是按恰当比例增长，则达到一定程度后就会引起个体数目的增加，对单细胞的微生物来说，这就是繁殖，不久，原有的个体发展成一个群体。群体中各个个体的进一步生长、繁殖，就引起了这一群体的生长。群体的生长可用其重量、体积、个体浓度或密度等作指标来测定。所以个体和群体间有以下关系：

个体生长→个体繁殖→群体生长

群体生长＝个体生长＋个体繁殖

除了特定的目的以外，在微生物的研究和应用中，只有群体的生长才有意义，因此，在微生物学中，凡提到"生长"时，一般均指群体生长，这一点与研究大型生物时有所不同。

微生物的生长繁殖是其在内、外各种环境因素相互作用下生理、代谢等状态的综合反映，因此，有关生长繁殖的数据就可作为研究多种生理、生化和遗传等问题的重要指标；同时，微生物在生产实践上的各种应用或是人类对致病、霉腐等有害微生物的防治，也都与它们的生长繁殖或抑制紧密相关。这就是研究微生物生长繁殖规律的重要意义。

一、微生物的个体生长和同步生长

微生物的细胞是极其微小的，但是，它与一切其他细胞和个体(病毒例外)一样，也有一个自小到大的生长过程。在整个生长过程中，微小的细胞内同样发生着阶段性的极其复杂的生物化学变化和细胞学变化。可是，要研究某一细胞的这类变化，在技术上是极为困难的。目前能使用的方法，一是用电子显微镜观察细胞的超薄切片，二是使用同步培养技术，即设法使某一群体中的所有个体细胞尽可能都处于同样细胞生长和分裂周期中，然后通过分析此群体在各阶段的生物化学特性变化，来间接了解单个细胞的相应变化规律。这种通过同步培养的手段而使细胞群体中各个体处于分裂步调一致的生长状态，称为同步生长。

使微生物同步生长的方法主要有两类：a. 环境条件诱导法——用氯霉素抑制细菌蛋白质合成，细菌芽孢诱导发芽，藻类细胞的光照、黑暗控制，用 EDTA 或离子载体处理酵母菌，以及短期热休克(40℃)法(用于原生动物梨形四膜虫)等。b. 机械筛选法——利用处于同一生长阶段细胞的体积、大小的相同性，用过滤法、密度梯度离心法或膜洗脱法收集同步生长的细胞。其中以 Helmstetter-Cummings 的膜洗脱法较有效和常用，此法是根据某些滤膜(如硝酸纤维素膜)可吸附与该滤膜相反电荷细胞的原理，让非同步细胞的悬液流经此膜，于是一大群细胞被牢牢吸附。然后将滤膜翻转并置于滤器中，其上慢速流下新鲜培养液，最初流出的是未吸附的细胞，不久，吸附的细胞开始分裂，在分裂后的两个子细胞中，一个仍吸附在滤膜上，另一个则被培养液洗脱。若滤膜面积足够大，只要收集刚滴下的子细胞培养液即可获得满意的同步生长的细胞。当然，这种细胞在培养过程中，一般经2~3个分裂周期就会很快丧失其同步性。

二、单细胞微生物的典型生长曲线

定量描述液体培养基中微生物群体生长规律的实验曲线，称为生长曲线。当把少量纯种单细胞微生物接种到恒容积的液体培养基中后，在适宜的温度、通气等条件下，该群体就会由小到大，发生有规律的增长。如以细胞数目的对数值作纵坐标，以培养时间作横坐标，就可画出一条由延滞期、指数期、稳定期和衰亡期4个阶段组成的曲线，这就是微生物的典型生长曲线。说其"典型"，是因为它只适合单细胞微生物如细菌和酵母菌，而对丝状生长的真菌或放线菌而言，只能画出一条非"典型"的生长曲线，例如，真菌的生长曲线大致可分3个时期，即生长延滞期、快速生长期和生长衰退期。典型生长曲线与非典型的丝状菌生长曲线两者的差别是后者缺乏指数生长期，与此期相当的只是培养时间与菌丝体干重的立方根成直线关系的一段快速生长时期。

根据微生物的生长速率常数即每小时分裂次数（R）的不同一般可把典型生长曲线粗分为延滞期、指数期、稳定期和衰亡期4个时期。

(1) 延滞期

延滞期又称停滞期、调整期或适应期，指少量单细胞微生物接种到新鲜培养液中后，在开始培养的一段时间内，因代谢系统适应新环境的需要，细胞数目没有增加的一段时间。该期的特点为：a. 生长速率常数为零；b. 细胞形态变大或增长，许多杆菌可长成丝状，如巨大芽孢杆菌在接种时，细胞仅长 3.4μm，而培养至 3h 时，其长为 91μm，至 5.5h 时，竟可达 19.8μm；c. 细胞内的 RNA 尤其是 rRNA 含量增高，原生质呈嗜碱性；d. 合成代谢十分活跃，核糖体、酶类和 ATP 的合成加速，易产生各种诱导酶；e. 对外界不良条件如 NaCl 溶液浓度、温度和抗生素等理化因素反应敏感。影响延滞期长短的因素很多，除菌种外，主要有如下 3 种。

①接种龄　指接种物或种子的生长年龄，这是指某一群体的生理年龄。实验证明，如果以对数期接种龄的种子接种，则子代培养物的延滞期就短；反之，如果以延滞期或衰亡期的种子接种，则子代培养物的延滞期就长；如果以稳定期的种子接种，则延滞期居中。

②接种量　接种量的大小明显影响延滞期的长短。一般来说，接种量大，则延滞期短，反之则长。因此，在发酵工业上，为缩短延滞期以缩短生产周期，通常都采用较大的接种量（种子∶发酵培养基=1∶10，体积比）。

③培养基成分　接种到营养丰富的天然培养基中的微生物，要比接种到营养单调的组合培养基中的延滞期短。所以，一般要求发酵培养基的成分与种子培养基的成分尽量接近，且应适当丰富些。

出现延滞期，是由于接种到新鲜培养液的种子细胞中，一时还缺乏分解或催化底物的酶或辅酶，或是缺乏充足的中间代谢物。为产生诱导酶或合成有关的中间代谢物，就需要有一段用于适应的时间，此即延滞期。

(2) 指数期

指数期又称对数期，指在生长曲线中，紧接着延滞期的一段细胞数以几何级数增长的时间。指数期的特点是：a. 生长速率常数(R)最大，因而细胞每分裂一次所需的时间——代时（又称世代时间或增代时间，G)或原生质增加1倍所需的倍增时间最短；b. 细胞进行平衡生长，故菌体各部分的成分十分均匀；c. 酶系活跃，代谢旺盛。指数期的微生物因其具有整个群体的生理特性较一致、细胞各成分平衡生长和生长速率恒定等优点，故是用作代谢、生理等研究的良好材料，是增殖噬菌体的最适宿主，也是发酵工业中用作种子的最佳材料。

在指数期中，有3个重要参数，分别为繁殖代数(n)、生长速率常数(R)和代时(G)。影响指数期微生物代时长短的因素很多，主要是：

①菌种　不同菌种其代时差别极大。例如，几种最常见的微生物的代时为：大肠埃希氏菌12.5~17min，枯草芽孢杆菌26~32min，嗜酸乳杆菌66~87min，乳酸链球菌26~48min，金黄色葡萄球菌27~30min，结核分枝杆菌792~932min，活跃硝化杆菌1200min，等等。

②营养成分　同一种微生物，在营养丰富的培养基上生长时，其代时较短，反之则长。例如，同在37℃下，大肠埃希氏菌在牛奶中代时为12.5min，而在肉汤培养基中为17.0min。

③营养物浓度　营养物的浓度既可影响微生物的生长速率，又可影响它的生长总量。只有在营养物浓度很低(0.1~2.0mg/mL)时，才会影响微生物的生长速率。随着营养物浓度的逐步提高(2.0~8.0mg/mL)，生长速率不受影响，而仅影响到最终的菌体产量。如果进一步提高营养物质浓度，则不再影响生长速率和菌体产量。凡处于较低浓度范围内可影响生长速率和菌体产量的某营养物，就称生长限制因子。

④培养温度　温度对微生物的生长速率有明显的影响。这一规律对发酵实践、食品保藏和夏季无防范食物变质等都有重要的参考价值。

(3) 稳定期

稳定期又称恒定期或最高生长期。其特点是生长速率常数(R)等于零，即处于新繁殖的细胞与衰亡的细胞数相等或正生长与负生长相等的动态平衡之中。这时的菌体产量达到了最高点，而且菌体产量与营养物质的消耗间呈现出有规律的比例关系，这一关系可用生长产量常数(Y，或称生长得率)来表示。

进入稳定期时，细胞内开始积聚糖原、异染颗粒和脂肪等内含物；芽孢杆菌一般在这时开始形成芽孢；有的微生物在这时开始以初生代谢物作前体，通过复杂的次生代谢途径合成抗生素等对人类有用的各种次生代谢物。所以，次生代谢物又称稳定期产物。由此还可对生长期进行另一种分类，即以指数期为主的菌体生长期和以稳定期为主的代谢产物合成期。

稳定期到来的原因是：a. 营养物尤其是生长限制因子的耗尽；b. 营养物的比例失调，如C/N比不合适等；c. 酸、醇、毒素或H_2O_2等有害代谢产物的累积；d. pH、氧化还势等物理化学条件越来越不适宜；等等。

稳定期的生长规律对生长实践有着重要的指导意义。例如，对以生产菌体或菌体代谢产物（SCP、乳酸等）为目的的某些发酵生产来说，稳定期是产物的最佳收获期；对维生素、碱基、氨基酸等物质的生物测定来说，稳定期是最佳测定时期；此外，通过对稳定期到来原因的研究，还促进了连续培养原理的提出和工艺技术的创建。

(4) 衰亡期

在衰亡期中，微生物的个体死亡速度超过新生速度，整个群体呈现负生长状态（R 为负值）。这时，细胞形态发生多形化。例如，会发生膨大或不规则的退化形态；有的微生物因蛋白水解酶活力的增强而发生自溶；有的微生物在这个时期会进一步合成或释放对人类有益的抗生素等次生代谢物；而在芽孢杆菌中，往往在此期释放芽孢；等等。

产生衰亡期的原因主要是外界环境对微生物继续生长越来越不利，从而引起细胞内的分解代谢明显超过合成代谢，继而导致大量菌体死亡。

三、微生物的连续培养

连续培养又称开放培养，是相对于绘制典型生长曲线时所采用的那种单批培养（即批式培养）或密闭培养而言的。

连续培养是在研究典型生长曲线的基础上，通过深刻认识稳定期到来的原因，并采取相应的防止措施而实现的。具体地说，当微生物以单批培养的方式培养到指数期的后期时，一方面以一定速度连续流入新鲜培养基和通入无菌空气，并立即搅拌均匀；另一方面，利用溢流的方式，以同样的流速不断流出培养物。于是培养器内的培养物就可达到动态平衡，其中的微生物可长期保持在指数期的平衡生长状态和恒定的生长速率上，于是形成了连续生长。

以下仅对控制方式和级数不同的两种连续培养器的原理及应用范围做简单介绍。

1. 按控制方式分

(1) 恒浊器

这是一种根据培养器内微生物的生长密度，并借光电控制系统来控制培养液流速，以取得菌体密度高、生长速率恒定的微生物细胞连续培养器。在这个系统中，当培养基的流速低于微生物生长速度时，菌体密度增高，这时通过光电控制系统的调节，可促使培养液流速加快，反之亦然，并以此来达到恒密度的目的。因此，这类培养器的工作精度是由光电控制系统的灵敏度决定的。在恒浊器中的微生物始终能以最高生长速率进行生长，并可在允许范围内控制不同的菌体密度。在生产实践上，为了获得大量菌体或与菌体的某些代谢产物（如乳酸、乙醇），都可以利用恒浊器类型的连续发酵器。

(2) 恒化器

与恒浊器相反，恒化器是一种设法使培养液的流速保持不变，并使微生物始终在低于其最高生长速率的条件下进行生长繁殖的连续培养装置。这是通过控制某一营养物的浓度，使其始终成为生长限制因子达到的，因而可称为外控制式的连续培养装置。可以设想,在恒化器中,一方面菌体密度会随时间的增长而增大;另一方面,限制因子的浓度又会随时间的增长而降低,两者相互作用的结果是微生物的生长速率正好与恒速流入的新鲜培养基流速相平衡。这样,既可获得一定生长速率的均一菌体,又可获得虽低于最高菌体产量,却能保持稳定密度的菌体。恒化器主要用于实验室的科学研究工作中,尤其适用于与生长速率相关的各种理论研究中。

2. 按培养器级数分

此法把连续培养器分成单级连续培养器和多级连续培养器两类。如上所述,若某微生物代谢产物的产生速率与菌体生长速率相平行,就可采用单级恒浊式连续发酵器来进行研究或生产。相反,若要生产代谢产物的速率与菌体生长速率不平行,如生产丙酮、丁醇或某些次生代谢物时,就应根据两者的产生规律,设计与其相适应的多级连续培养装置。

以丙酮、丁醇发酵为例:丙酮丁醇梭菌的生长可分两个阶段,前期较短,以生产菌体为主,生长温度以37℃为宜,是菌体生长期;后期较长,以产溶剂(丙酮、丁醇)为主,温度以33℃为宜,为产物合成期。根据这个特点,国外曾有人设计了一个两级连续发酵罐:第一级罐保持37℃,pH 4.3,培养液的稀释率为0.125/h(即控制在8h可以对容器内培养液更换一次的流速);第二级为33℃,pH 4.3,稀释率为0.04/h(即25h才更换培养液一次),并把一、二级罐串联起来进行连续培养。这一装置不仅溶剂的产量高,效益好,而且可在一年内多时间连续运转。

连续培养如果用于生产实践,就称为连续发酵。在我国上海,早在20世纪60年代就采用多级连续发酵技术大规模地生产丙酮、丁醇等溶剂了。连续发酵与单批发酵相比,有许多优点:a. 高效,简化了装料、灭菌、出料、清洗发酵罐等许多单元操作,从而减少了非生产时间和提高了设备的利用率;b. 自控,即便于利用各种传感器和仪表进行自动控制;c. 产品质量较稳定;d. 节约了大量动力、人力、水和蒸汽,且使水、气、电的负荷均衡合理。当然,连续培养也存在着明显缺点:a. 菌种易退化——由于长期让微生物处于高速率的细胞分裂中,故即使其自发突变概率极低,仍无法避免突变的发生,尤其当发生比原生产菌株营养要求降低、生长速率增高、代谢产物减少的负变类型时;b. 易污染杂菌——在长期连续运转中,存在着因设备渗漏、通气过滤失灵等而造成的污染;c. 营养物的利用率一般低于单批培养。因此,连续发酵中的"连续"还是有限的,一般可达数月至一两年。

在生产实践上,连续培养技术已较广泛应用于酵母菌单细胞蛋白(SCP)的生产,乙醇、乳酸、丙酮和丁醇的发酵,用解脂假丝酵母等进行石油脱蜡,以及用自然菌种或混合菌种进行污水处理等各领域中。国外还报道了把微生物连续培养的原理运用于提高浮游生物饵料产量的实践中,并收到了良好的效果。

四、微生物的高密度培养

微生物的高密度培养(HCDC)有时也称高密度发酵,一般是指微生物在液体培养中细胞群体密度超过常规培养10倍以上时的生长状态或培养技术。现代高密度培养技术主要是在用基因工程菌(尤其是大肠埃希氏菌)生产多肽类药物的实践中逐步发展起来的。大肠埃希氏菌在生产各种多肽类药物中具有极其重要的地位,其产品都是高产值的贵重药品,如人生长激素胰岛素、白细胞介素类和人干扰素等。若能提高菌体培养密度,提高产物的比生产率(单位体积、单位时间内产物的产量),不仅可减少培养容器的体积、培养基的消耗和提高"下游工程"中分离、提取的效率,而且还可缩短生产周期、减少设备投入和降低生产成本,因此具有重要的实践价值。

不同菌种和同种不同菌株间,在能达到的高密度水平上差别极大。有人曾计算过在理想条件下,大肠埃希氏菌的理论高密度值可达200g(湿重)/L,还有人甚至认为可达400g/L。在前一情况下,几乎1/4发酵液中都占满着大肠埃希氏菌细胞,引起培养液的高黏度,其流动性也几近丧失。至今已报道过的高密度生长的实际最高纪录为大肠埃希氏菌W3110的174g(湿重)/L和用于生产PHB的"工程菌"的175.4g(湿重)/L。当然,由于微生物高密度生长的研究时间尚短,因此,被研究过的微生物种类还很有限,主要局限于大肠埃希氏菌和酿酒酵母等少数兼性厌氧菌上,理论研究还待深入。若进一步加强对其他好氧菌和厌氧菌高密度生长的研究,并扩大对各大类、各种生理类型微生物的深入研究,则对微生物学基础理论和有关生产实践都有很大的意义。

进行高密度培养的具体方法很多,应综合考虑和充分运用这些规律,以获得最佳效果。

①选取最佳培养基成分和各成分含量 以大肠埃希氏菌为例,其产1g菌体/L所需无机盐量为NH_4Cl 0.77g/L,KH_2PO_4 0.125g/L,$MgSO_4 \cdot 7H_2O$ 17.5mg/L,K_2SO_4 7.5mg/L,$FeSO_4 \cdot 7H_2O$ 0.64mg/L,$CaCl_2$ 0.4mg/L;而在大肠埃希氏菌培养基中一些主要营养物的抑制浓度则为葡萄糖50g/L,氨3g/L,Fe^{2+} 1.15g/L,Mg^{2+} 8.7g/L,Zn^{2+} 0.038g/L。此外,合适的C/N比也是大肠埃希氏菌高密度培养的基础。

②补料 是大肠埃希氏菌工程菌高密度培养的重要手段之一。在供氧不足时,过量葡萄糖会引起"葡萄糖效应",并导致有机酸过量积累,从而使生长受到抑制。因此,补料一般应采用逐量流加的方式进行。

③提高溶解氧的浓度 试验表明,提高好氧菌和兼性厌氧菌培养时的溶氧量也是进行高密度培养的重要手段之一。大气中仅含21%的氧,若提高氧浓度甚至用纯氧或加压氧去培养微生物,就可大大提高高密度培养的水平。据报道,用纯氧培养酵母菌,可使菌体湿重达到100g/L。

④防止有害代谢产物的生成 乙酸是大肠埃希氏菌产生的对自身生长代谢有抑制作用的产物。为防止它的生成,可采用诸如选用天然培养基,降低培养基的pH,以甘油代替葡萄糖作碳源,加入甘氨酸、甲硫氨酸,降低培养温度(从37℃下降至26~30℃),以及采用透析培养法去除乙酸等。

第二节 测定微生物生长繁殖的方法

由于生长意味着原生质含量的增加,所以测定生长的方法也都直接或间接地以此为依据,而测定繁殖则都要建立在计算个体数目这一原理上。

一、测生长量

测定生长量的方法很多，它们适用于一切微生物。

1. 直接法

有粗放的测体积法(在刻度离心管中测沉降量)和精确的称干重法。微生物的干重一般为其湿重的 10%~20%。据测定，每个大肠埃希氏菌细胞的干重为 $2.8×10^{-12}$ g，故 1 个芝麻重(近 3mg)的大肠杆菌团块，其中所含的细胞数目可达到 100 亿个。仍以大肠埃希氏菌为例，它在一般液体培养物中，细胞浓度通常为 $2×10^9$ 个/mL，用 100mL 培养物可得 10~90mg 干重的细胞。在现代高密度培养(HCDC)中，有的大肠埃希氏菌菌株的细胞产量最高纪录可达到 174g/L。

2. 间接法

(1) 比浊法

可用分光光度法对无色的微生物悬浮液进行测定，一般选用 450~650nm 波段。若要连续跟踪某一培养物的生长动态，可用带有侧臂的锥形瓶作原位测定(不必取样)。

(2) 生理指标法

与微生物生长量相平行的生理指标很多，可以根据试验目的和条件适当选用。最重要的如测含氮量法(一般细菌的含氮量为其干重的 12.5%，酵母菌为 7.5%，霉菌为 6.5%，含氮量乘以 6.25 即为粗蛋白质含量)，另有测含碳量以及测磷、DNA、RNA、ATP、DAP (二氨基庚二酸)、几丁质或 N-乙酰胞壁酸等含量的。此外，产酸、产气、耗氧、黏度和产热等指标，有时也应用于生长量的测定。

二、计繁殖数

与测生长量不同，对测定繁殖来说，一定要一一计算各个体的数。所以，计繁殖数只适宜于测定处于单细胞状态的细菌和酵母菌，而对放线菌和霉菌等丝状生长的微生物而言，则只能计算其孢子数。

1. 直接法

直接法指用计数板(如血球计数板)在光学显微镜下直接观察细胞并进行计数的方法。此法十分常用，但得到的数目是包括死细胞在内的总菌数。为解决这一矛盾，已有用特殊染料进行活菌染色后再用光学显微镜计数的方法。例如，用美蓝液对酵母菌染色后，其活细胞为无色，而死细胞则为蓝色，故可进行分别计数；又如，细菌经吖啶橙染色后，在紫外光显微镜下可观察到活细胞发出橙色荧光，而死细胞则发出绿色荧光，因而也可进行活菌和总菌计数。

2. 间接法

间接法是一种活菌计数法。这是一种依据活菌在液体培养基中会使其变混或在固体培养基上(内)形成菌落的原理而设计的。最常用的是利用固体培养基上(内)形成菌落的菌落计数法。

(1)平板菌落计数法

可用浇注平板或涂布平板等方法进行。此法适用于各种好氧菌或厌氧菌。其主要操作是把稀释后的一定量菌样通过浇注或涂布的方法，让其内的微生物单细胞一一分散在琼脂平板上(内)，待培养后，每一活细胞就形成一个单菌落，此即"菌落形成单位"(colony forming unit，CFU)，根据每皿上形成的 CFU 数乘上稀释度就可推算出菌样的含菌数。此法最为常用，但操作较烦琐且要求操作者技术熟练。为克服此缺点，国外已出现多种微型快速、商品化的用于菌落计数的小型纸片或密封琼脂板。其主要原理是加在培养基中的活菌指示剂 TTC(2,3,5-氯化三苯基四氮唑)可使菌落在很微小时就染成易于辨认的玫瑰红色。

(2)厌氧菌的菌落计数法

一般可用亨盖特滚管培养法进行(见本章第三节)。但此法设备较复杂，技术难度很大。为此，有学者曾设计了一种简便快速的测定双歧杆菌和乳酸菌等厌氧菌活菌数的半固体深层琼脂法，其主要原理是试管中的深层半固体琼脂有良好的厌氧性能，并有凝固前可作稀释用、凝固后又可代替琼脂平板作菌落计数用的良好性能。此法兼有省工、省料、省设备和菌落易辨认等优点。

第三节　微生物培养法概论

一个良好的微生物培养装置的基本条件是：按微生物的生长规律进行科学的设计，能在提供丰富而均匀营养物质的基础上，保证微生物获得适宜的温度和良好的通气条件(只有厌氧菌例外)，此外，还要为微生物提供一个适宜的物理化学条件和严防杂菌的污染等。

从历史发展的角度(纵向)来看，微生物培养技术发展的轨迹有以下特点：从少量培养到大规模培养；从浅层培养发展到厚层(固体制曲)或深层(液体搅拌)培养；从以固体培养技术为主到以液体培养技术为主；从静止式液体培养发展到通气搅拌式的液体培养；从单批培养发展到连续培养以至多级连续培养；从利用分散的微生物细胞发展到利用固定化细胞；从单纯利用微生物细胞到利用动物、植物细胞进行大规模培养；从利用野生型菌种发展到利用变异株直至遗传工程菌株；从单菌发酵发展到混菌发酵；从低密度培养发展到高密度培养(HCDC)；从人工控制的发酵罐到多传感器、计算机在线控制的自动化发酵罐；等等。

以下就实验室和生产实践中一些较有代表性的微生物培养法做简要介绍。

一、实验室培养法

1. 固体培养法

(1)好氧菌的固体培养

主要用试管斜面、培养皿琼脂平板及较大型的克氏扁瓶、茄子瓶等进行平板培养。

(2) 厌氧菌的固体培养

实验室中培养厌氧菌除了需要特殊的培养装置或器皿外，首先应配制特殊的培养基。在厌氧菌培养基中，除保证提供6种营养要素外，还得加入适当的还原剂。必要时，还要加入刃天青等氧化还原势指示剂。具体培养方法有：

①高层琼脂柱技术　把含有还原剂的固体或半固体培养基装入试管中，经灭菌后，除表层尚有一些溶解氧外，越是深层，其氧化还原势越低，故有利于厌氧菌的生长。例如，韦荣氏管就是由一根长25cm、内径1cm，两端可用橡皮塞封闭的玻璃管，可用于稀释、分离厌氧菌并对其进行菌落计数。

②厌氧培养皿技术　用于培养厌氧菌的培养皿有几种，有的是利用特制皿盖去创造一个狭窄空间，再加上还原性培养基的配合使用而达到厌氧培养的目的，如 Brewer 皿；有的利用特制皿底——有两个相互隔开的空间，其一是放焦性没食子酸，另一则放 NaOH 溶液，待在皿盖的平板上接入待培养的厌氧菌后，立即密闭，经摇动，上述两种试剂因接触而发生反应，于是造成了无氧环境。

③亨盖特滚管技术　此法由美国著名微生物学家 R. E. Hungate 于 1950 年设计，故而得名。这是厌氧微生物学发展历史中的一项具有划时代意义的发明，由此推动了严格厌氧菌（如瘤胃微生物区系和产甲烷菌）的分离和研究。其主要原理是：利用除氧铜柱（玻璃柱内装有密集铜丝，加温至350℃时，可使通过柱体的不纯氮中的 O_2 与铜反应而被除去）来制备高纯氮，再用此高纯氮去驱除培养基配制、分装过程中各种容器和小环境中的空气，使培养基的配制、分装、灭菌和贮存，以及菌种的接种、稀释、培养、观察、分离、移种和保藏等操作的全过程始终处于高度无氧条件下，从而保证了各类严格厌氧菌的存活。用严格厌氧方法配制、分装、灭菌后的厌氧菌培养基，称为预还原无氧灭菌培养基，即 PRAS 培养基（pre-reduced anaerobically sterilized medium）。在进行产甲烷菌等严格厌氧菌的分离时，可先用 Hungate 的这种"无氧操作"把菌液稀释，并用注射器接种到装有融化后的 PRAS 琼脂培养基试管中，该试管用密封性极好的丁基橡胶塞严密塞住后平放，置冰浴中均匀滚动，使含菌培养基布满试管内表面（犹如将好氧菌浇注或涂布在培养皿平板上那样），经培养后，会长出许多单菌落。滚管技术的优点是：试管内壁上的琼脂层有很大的表面积可供厌氧菌长出单菌落，但试管口的面积和试管腔体积都极小，因而特别有利于阻止氧与厌氧菌接触。

④厌氧罐技术　这是一种经常使用的但不是很严格的厌氧菌培养技术，原因是它除能保证厌氧菌在培养过程中处于良好无氧环境外，无法使培养基配制、接种、观察、分离、保藏等操作也不接触氧气。厌氧罐的类型和大小不一，一般都有一个用聚碳酸酯制成的圆柱形透明罐体（内可放10个常规培养皿），其上有一个可用螺旋夹紧密夹牢的罐盖，盖内的中央有一个用不锈钢丝织成的催化剂室，内放钯催化剂，罐内还放一种含有美蓝溶液的氧化还原指示剂。使用时，先装入接种后的培养皿或试管等样，然后封闭罐盖。接着可采用抽气换气法彻底驱走罐内原有空气，一般操作步骤为：抽真空→灌 N_2→抽真空→灌 N_2→抽真空→灌混合气体（$N_2:CO_2:H_2=80:10:10$，体积比）。最后，罐内少量剩余氧又在钯催化剂的催化下，被混合气体中的 H_2 还原成 H_2O 而被除去，从而形成良好的无氧状态（这时美蓝指示剂从蓝色变为无色）。

国际上早已盛行方便的"GasPak"内源性产气袋商品来取代上述烦琐的抽气换气法。只要把这种产气袋剪去一角并注入适量水后投入厌氧罐,并立即封闭罐盖,它就会自动缓缓放出足够的CO_2和H_2。

⑤厌氧手套箱技术　这是20世纪50年代末问世的一种用于培养、研究严格厌氧菌的箱形装置和相关的技术方法。箱体结构严密、不透气,其内始终充满成分为$N_2:CO_2:H_2=85:5:10$(体积比)的惰性气体,并有钯催化剂保证箱内处于高度无氧状态。通过两个塑料手套可对箱内进行接种操作。此外,箱内还设有恒温培养箱,以随时进行厌氧菌的培养。外界物件进出箱体可通过有密闭和抽气换气装置的交换室(由计算机自控)进行。

上述的亨盖特滚管技术、厌氧罐技术和厌氧手套箱技术已成为现代实验室中研究厌氧菌最有效的"三大件"技术,因此每一位微生物学工作者应熟悉它们。

2. 液体培养法

(1)好氧菌的液体培养

由于大多数微生物都是好氧菌,且微生物一般只能利用溶于水中的氧,故如何保证在培养液中始终有较高的溶解氧浓度就显得特别重要。在一般情况(101.325kPa,20℃)下,氧在水中的溶解度仅为6.2mL/L(0.28mmoL),这些氧仅能保证氧化8.3mg[即0.046mmoL的葡萄糖(相当于培养基中常用葡萄糖浓度的0.1%)]。除葡萄糖外,培养基中的其他有机或无机养料一般都可保证微生物使用几小时至几天。因此,氧的供应始终是好氧菌生长、繁殖中的限制因子。为解决这一矛盾,必须设法增加培养液与氧的接触面积或提高氧的分压来提高溶氧速率,具体措施:a. 浅层液体静止培养;b. 将培养物放在摇床上培养;c. 在深层液体底部通入加压空气,并用气体分布器使其形成均匀、密集的微小气泡;d. 对培养液进行机械搅拌,并在培养器的壁上设置阻挡装置;等等。实验室中常用的好氧菌培养法有以下几类。

①试管液体培养　装液量可多可少。此法通气效果不够理想,仅适合培养兼性厌氧菌。

②锥形瓶浅层液体培养　在静止状态下,其通气量与装液量和通气塞的状态关系密切。此法一般仅适用兼性厌氧菌的培养。

③摇瓶培养　又称振荡培养。一般将三角瓶内培养液的瓶口用8层纱布包扎,以利通气和防止杂菌污染,同时减少瓶内装放量,把它放在往复式或旋转式摇床上作有节奏的振荡,以达到提高溶氧量的目的。此法最早由著名荷兰学者 A. J. Kluyver 发明(1933年),目前仍广泛用于菌种筛选以及生理、生化、发酵和生命科学多领域的研究工作中。

④台式发酵罐培养　这是一种利用现代高科技制成的实验室研究用的发酵罐,体积一般为数升至数十升,有良好的通气、搅拌及其他各种必要装置,并有多种传感器、自动记录和用计算机的调控装置。现成的商品种类很多,应用较为方便。

(2)厌氧菌的液体培养

在实验室中对厌氧菌进行液体培养时,若放入上述厌氧罐或厌氧手套箱中培养,就不必提供额外的培养措施;若单独放在有氧环境下培养,则在培养基中必须加入硫基乙醇、半胱氨酸、维生素 C 或庖肉(牛肉小颗粒)等有机还原剂,或加入铁丝等能显著降低氧化还原电位的无机还原剂,在此基础上,再用深层培养或同时在液面上封一层石蜡油或凡士林-石蜡油,则可保证培养基的氧化还原电位(E_h)降至 -420~-150mV,以适合严格厌氧菌的生长。

二、生产实践中培养微生物的装置

1. 固态培养法的装置

(1) 好氧菌的曲法培养

我国人民在距今 4000 年前已发明制曲酿酒了。原始的曲法培养就是将麸皮、碎麦或豆饼等固态基质经蒸煮和自然接种后,薄薄地铺在培养容器表面,使微生物既可获得充足的氧气,又有利于散发热量,对真菌来说,还十分有利于产生大量孢子。

根据制曲容器的形状和生产规模的大小,可把制曲方法分成瓶曲、袋曲(一般用塑料袋制曲)、盘曲(用木盘制曲)、帘子曲(用竹帘子制曲)、转鼓曲(用大型木质空心转鼓横向转动制曲)和通风曲(即厚层制曲)等。其中瓶曲、袋曲形式在目前的食用菌制种和培养中仍有广泛应用。通风曲是一种机械化程度和生产效率都较高的现代大规模制曲技术,在我国酱油酿造业中广泛应用。一般是由一个面积 $10m^2$ 左右的水泥曲槽组成,槽上有曲架和用适当材料编织成的筛板,其上可摊一层约 30cm 厚的曲料,曲架下部不断通以低温、湿润的新鲜过滤空气,以此制备半无菌状态的固体曲。

(2) 厌氧菌的堆积培养法

生产实践上对厌氧菌进行大规模固态培养的例子还不多见,在我国的传统白酒生产中,一向采用大型深层地窖对固态发酵料进行堆积式固态发酵,这对酵母菌的酒精发酵和己酸菌的己酸发酵等都十分有利,因此可生产名优大曲酒(蒸馏白酒)。

2. 液体培养法的装置

(1) 浅盘培养

这是一种用大型盘子对好氧菌进行浅层液体静止培养的方法。在早期的青霉素和柠檬酸等发酵中,均使用过这种方法,但因存在劳动强度大、生产效率低以及易污染杂菌等缺点,故未能广泛使用。

(2) 深层液体通气培养

这是一类应用大型发酵罐进行深层液体通气搅拌的培养技术,它的发明在微生物培养技术发展史上具有革命性的意义,并成为现代发酵工业的标志。

发酵罐是一种最常规的生物反应器,一般是一个钢质圆筒形直立容器,其底和盖为扁球形,高与直径之比一般为 1:(2~2.5)。容积可大可小,大型发酵罐一般为 $50~500m^3$,最大的为英国用于甲醇蛋白生产的巨型发酵罐,其有效容积达 $1500m^3$。

发酵罐的主要作用是要为微生物提供丰富、均匀的养料,良好的通气和搅拌,以及适宜的温度和酸碱度,并能消除泡沫和确保防止杂菌的污染等。为此,除了罐体有相应的各种结构外,还要有一套必要的附属装置,如培养基配制系统,蒸汽灭菌系统,空气压缩和过滤系统,营养物流加系统,传感器和自动记录、调控系统,以及发酵产物的后处理系统(俗称"下游工程")等。除了上述典型发酵罐作为好氧菌的深层液体培养装置外,还有各种其他类型的发酵罐、连续发酵罐和用于固定化细胞发酵的各种生物反应器。

巩固练习

1. 名词解释

生长,繁殖,活菌染色法,典型生长曲线,生长速率常数(R),代时(G),连续培养,高密度培养,菌落形成单位(CFU),同步生长,生长产量常数(Y),恒浊器,恒化器,连续发酵,PRAS 培养基,厌氧罐,亨盖特滚管技术,厌氧手套箱,摇瓶培养,曲法培养。

2. 问答题

(1)典型生长曲线可分几期?划分的依据是什么?

(2)延滞期有何特点?如何缩短延滞期?

(3)指数期有何特点?处于此期的微生物有何应用?

(4)连续培养有何优点?为何连续时间是有限的?

(5)如何保证好氧菌的高密度培养?

(6)微生物培养装置的类型和发展有哪些规律?

第十章 微生物生态

○ 项目描述：

微生物生态学是研究微生物群体与周围的生物和非生物环境条件间相互作用规律的学科。研究微生物生态活动的规律对实践生产有着重要的意义。了解微生物的生态分布及极端环境下微生物生命活动的规律，可以为开发新的微生物资源提供理论基础；了解微生物间及微生物与其他生物间的相互关系，有助于研制新的微生物农药、微生物肥料；当前各种各样的环境问题困扰着许多国家，治理环境污染和解决环境问题的有效方法是采用微生物学方法，了解微生物在自然界物质转化过程中的作用，可以为净化和保护环境提出理论依据和各种技术措施。

○ 知识目标：

1. 熟悉微生物在土壤、水体、空气、工业产品和极端环境中的分布类型及数量关系。
2. 熟悉人体的正常菌群类型及其数量，以及无菌动物与悉生生物、根际微生物与附生微生物的含义。
3. 了解全球微生物资源现状。
4. 熟练掌握微生物间的互生关系、人体肠道中正常菌群与人的互生关系，以及发酵工业中的混菌培养。
5. 熟练掌握微生物间的共生关系、微生物与植物间的共生关系，以及微生物与动物间的共生关系。
6. 掌握微生物间的寄生关系、微生物与植物间的寄生关系，以及微生物与动物间的寄生关系。
7. 了解颉颃和捕食的含义及其关系。
8. 熟练掌握三级生态系统中"三级"所指对象。
9. 熟练掌握微生物在碳素循环中的作用和意义。
10. 熟练掌握微生物在氮素循环中的 8 个反应类型。
11. 熟悉微生物在硫素循环中的作用和意义，以及细菌沥滤的含义和 3 个主要环节。
12. 了解微生物在磷素循环中的 3 个主要环节。
13. 熟练掌握水体富营养化的含义，以及发生"水华"和"赤潮"现象的原因。
14. 了解微生物处理水污染的原理。
15. 熟练掌握 BOD、COD、TOD、DO、SS 和 TOC 等指标的含义。
16. 熟悉完全曝光法和生物转盘法等污水处理的方法和装置。
17. 了解固体有机垃圾的微生物处理方法。

18. 熟悉沼气发酵的 3 个阶段和甲烷形成的生化机制。
19. 了解发光细菌在微生物监测环境污染中的作用。

◯ **能力目标：**

1. 能够解释土壤是人类最丰富的"菌种资源库"的原因。
2. 能够掌握从自然环境中筛选所需要的菌种的基本思路。
3. 能够阐述空气、灰尘、微生物和微生物学间的关系。
4. 能够阐述防霉与防癌间的关系。
5. 能够准确区分互生、共生、寄生、颉颃和捕食的关系。
6. 能够以维生素 C 生产中的"二步发酵法"为例，说明混菌培养的含义。
7. 能够阐述瘤胃微生物与反刍动物间存在的共生关系。
8. 能够阐述微生物在自然界碳素循环中起的关键作用。
9. 能够阐述微生物在自然界氮素循环中起的关键作用。
10. 能够阐述微生物在自然界硫素循环中起的关键作用。
11. 能够阐述微生物在自然界磷素循环中起的关键作用。
12. 能够简介污水处理中的完全混合曝气法。
13. 能够简介污水处理中的生物转盘法。
14. 能够简介有机生活垃圾处理中的好氧分解法。
15. 能够利用生态学的原理讨论"三合一"生态温室的优越性。
16. 能够根据沼气发酵原理讨论利用污水生产氢和有机酸的可能性。
17. 能够简述甲烷形成途径。
18. 能够举例说明发光细菌在监测环境污染中的优点。

第一节　微生物自然分布与菌种资源开发

在以上各章中，已讨论了纯种微生物在人为条件下的各种生命活动规律，而本章所讨论的则主要是在自然条件下微生物群体的生活状态及其生命活动规律。微生物生态学是生态学的一个分支，它的研究对象是微生物群体与其周围生物和非生物环境条件间相互作用的规律。

研究微生物的生态规律有着重要的理论意义和实践价值。例如，研究微生物的分布规律有利于发掘丰富的菌种资源，推动进化、分类的研究和开发应用；研究微生物与他种生物间的相互关系，有助于开发新的微生物农药、微生物肥料和微生态制剂，并为发展混菌发酵、生态农业以及积极防治人和动、植物的病虫害提供理论依据；研究微生物在自然界物质循环中的作用，有助于阐明地质演变和生物进化中的许多机制，也可为探矿、冶金、提高土壤肥力、治理环境污染、开发生物能源和促进大自然的生态平衡等提供科学的依据。

一、微生物在自然界中的分布

1. 土壤中的微生物

由于土壤具备了各种微生物生长发育所需要的营养、水分、空气、酸碱度、渗透压和温度等条件，所以成了微生物生活的良好环境。可以说，土壤是微生物的"天然培养基"，也是它们的"大本营"，对人类来说，则是最丰富的菌种资源库。

尽管土壤的类型众多，其中各种微生物的含量变化很大，但一般来说，在每克耕作层土壤中，各种微生物含量之比大体有一个 10 倍递减的规律：细菌（约 $1×10^8$ 个）>放线菌（约 $1×10^7$ 个，孢子）>霉菌（约 $1×10^6$ 个，孢子）>酵母菌（约 $1×10^5$ 个）>藻类（约 $1×10^4$ 个）>原生动物（约 $1×10^3$ 个）。由此可知，土壤中所含的微生物数量很大，尤以细菌居多。据估计，在每亩耕作层土壤中，约有霉菌 150kg、细菌 75kg、原生动物 15kg、藻类 7.5kg、酵母菌 7.5kg。通过这些微生物的旺盛代谢活动，可明显改善土壤的物理结构和提高它的肥力。

2. 水体中的微生物

因水体中所含有机物、无机物、氧、毒物以及光照、酸碱度、温度、水压、流速、渗透压和生物群体等的明显差别，可把水体分成许多类型，各种水体又有其相应的微生物区系。

（1）不同水体中的微生物种类

①淡水型水体的微生物　地球上水的总贮量约有 $1.36×10^9 km^3$，但淡水量只占其中的 2.7%。绝大部分的淡水都以雪山、冰原等人类难以利用的形式存在。在江、河、湖和水库等的淡水中，若按其中有机物含量的多寡及其与微生物的关系，还可分为两类，即：a. 清水型水生微生物——存在于有机物含量低的水体中，以化能自养微生物和光能自养微生物为主，如硫细菌、铁细菌、衣细菌、蓝细菌和光合细菌等。少量异养微生物也可生长，但都属于只在低浓度（1~15mg C/L）有机质的培养基上就可正常生长的贫营养细菌（或寡营养细菌），例如，寡养土壤单胞菌可在小于 1mg C/L 的培养基上正常生长。b. 腐败型水生微生物——在含有大量外来有机物的水体中生长，如流经城、镇的河水，下水道污水，富营养化的湖水等。由于在流入大量有机物的同时还夹带入大量腐生细菌，所以引起腐败型水生微生物和原生动物大量繁殖，含菌量可达到 $1×10^7 ~ 1×10^8$ 个/mL，它们中主要是各种肠道杆菌、芽孢杆菌、弧菌和螺菌等。

在较深的湖泊或水库等淡水生境中，因光线、溶氧和温度等的差异，微生物呈明显的垂直分布带：沿岸区或浅水区，此处因阳光充足和溶氧量大，适宜蓝细菌、光合藻类和好氧性微生物生长，如假单胞菌属、噬纤维菌属、柄杆菌属和生丝微菌属；深水区，此区因光线微弱、溶氧量少和硫化氢含量较高等原因，只有一些厌氧光合细菌（紫色和绿色硫细菌）和若干兼性厌氧菌可以生长；湖底区，这里由严重缺氧的污泥组成，只有一些厌氧菌才能生长，如脱硫弧菌属、产甲烷菌类和梭菌等。

②海水型水体的微生物　海洋是地球上最大的水体，咸水占地球总水量的 97.5%。一般海水的含盐量为 3% 左右，所以海洋中土著微生物必须生活在含盐量为 2%~4% 的环境中，尤以 3.3%~3.5% 为最适盐度。海水中的土著微生物种类主要是一些藻类以及细菌中的芽孢杆菌属、假单胞菌属、弧菌属和一些发光细菌等。

海洋微生物的垂直分布带更为明显，原因是海洋的平均深度达 4km，最深处为 11km。从海平面到海底依次可分 4 区：a. 透光区，此处光线充足，水温高，适合多种海洋微生物生长；b. 无光区，在海平面25m以下直至200m，有一些微生物活动着；c. 深海区，位于200~6000m深处，特点是黑暗、寒冷和高压，只有少量微生物存在；d. 超深渊海区，特点是黑暗、寒冷和超高压，只有极少数耐压菌才能生长。

（2）水体的自净作用

在自然水体尤其是快速流动、氧气充足的水体中，存在着水体对有机或无机污染物的自净作用。这种"流水不腐"的实质，主要是生物学和生物化学的作用，包括好氧菌对有机物的降解作用，原生动物对细菌的吞噬作用，噬菌体对宿主的裂解作用，藻类对无机元素的吸收利用，以及浮游动物和一系列后生动物通过食物链对有机物的摄取和浓缩作用等。

（3）饮用水的微生物学标准

对饮用水的微生物种类和数量都有严格规定。饮用水的微生物种类主要采用以大肠埃希氏菌为代表的大肠菌群数为指标，因为这类细菌是温血动物肠道中的正常菌群，数量极多，用它作指标可以灵敏地推断该水源是否曾与动物粪便接触以及污染程度如何。由此即可避免直接计算数量极少的肠道传染病（霍乱、伤寒、痢疾等）病原体的难题。我国卫生部门规定的饮用水标准是：1mL自来水中的细菌总数不可超过100个（37℃，培养24h），而1000mL自来水中的大肠菌群数则不能超过3个（37℃，培养48h）。大肠菌群数的测定通常可用滤膜培养法在选择性和鉴别性培养基上进行，然后数出其上所长的菌落数。

3. 空气中的微生物

空气中并不含微生物生长繁殖所必需的营养物、充足的水分和其他条件，相反，日光中的紫外线还有强烈的杀菌作用，因此，不宜于微生物的生存。然而，空气中还是含有一定数量来自土壤、生物和水体等的微生物，它们是以尘埃、微粒等方式由气流带来的。因此，凡含尘埃越多或越贴近地面的空气，其中的微生物含量就越高。在医院及公共场所的空气中，病原菌特别是耐药菌的种类多、数量大，对免疫力低下的人群十分有害。

空气中微生物以气溶胶的形式存在，它是动、植物病害传播，发酵工业中污染，以及工农业产品霉腐等的重要根源。通过减少菌源、尘埃源以及采用空气过滤、灭菌（如UV照射、甲醛熏蒸）等措施，可降低空气中微生物的数量。

4. 工农业产品上的微生物

各种材料和工农业产品因受气候、物理、化学或生物因素的作用而发生变质、破坏的现象，称为材料劣化，其中以微生物引起的材料劣化最为严重，包括：a. 霉变，指由霉菌引起的劣化；b. 腐朽，泛指在好氧条件下，微生物酶解木质素和纤维素等物质而使材料的力学性质严重下降的现象，最常见的是担子菌类引起的木材或木制品的腐朽；c. 腐烂，主要指含水量较高的产品经细菌生长、繁殖后所引起的变软、发臭性的劣化；d. 腐蚀，主要指由硫酸盐还原细菌、铁细菌或硫细菌引起的金属材料的侵蚀、破坏性劣化。全球每年因微生物对材料的霉腐而引起的损失是极其巨大又难以确切估计的，因此，有人称之为"菌灾"。

(1) 工业产品上的微生物

大量的工业产品都是直接或间接用动、植物作原料制成的，如木制品、纤维制品、皮革制品、橡胶制品、油漆、卷烟、感光材料和化妆品等，它们含有微生物需要的各种营养物，因此，不但其上分布着大量的、种类各异的微生物，且一旦遇适宜的温、湿度，还会大量生长繁殖，引起严重的霉腐、变质；有些用无机材料制造的工业产品，如光学镜头、钢缆、地下管道和金属材料等，也可被多种微生物所破坏；此外，各种电讯器材，以及感光和录音、录像材料等，都可被相应的微生物所损害。

防止工业产品霉腐的方法很多，其原则是：a. 尽量减少产品上的微生物本底数；b. 在产品的生产、加工、包装、储运、销售等环节中，始终保持无菌、无尘和不利于微生物生长、繁殖的条件(如低温、干燥、无氧等)。

在实践中，防霉剂的筛选、研究和应用十分重要。在工业用防霉剂的筛选中，一般可选用 8 种霉菌作为模式试验菌种，包括黑曲霉、土曲霉、出芽短梗霉、宛氏拟青霉、绳状青霉、赭绿青霉、短柄帚霉和绿色木霉。

(2) 食品上的微生物

食品是用营养丰富的动、植物或微生物等原料经过加工后的制成品，种类极多。因在其加工、包装、运输、贮藏和销售过程中，不可能做到严格的灭菌和无菌操作，因此会含有或污染有各种微生物，它们在合适的温、湿度条件下，就会迅速生长繁殖，引起食品变质、霉腐甚至产生各种毒素。为防止食品的霉腐，除在加工、包装过程中严格消灭其中的有害微生物外，还可在食品中添加少量无害的防腐剂，如苯甲酸、山梨酸、脱氢醋酸、维生素 K_3、丙酸、二甲基延胡索酸(富马酸二甲酯)或乳酸链球菌素等。保藏方法也很重要，尤其应采用低温、干燥(对某些食品)以及在密封条件下用除氧剂或充以 CO_2、N_2 等措施。其中于 1804 年前后由法国厨师发明的罐藏法是食品保藏的好方法。若对牛奶等食品采用"冷链"方法操作，即把运输、保藏、营销、消费等全过程都保证在低温下进行，也可有效延长保藏时间。

(3) 农产品上的微生物

粮食、蔬菜和水果等各种农产品上存在着大量的微生物，由此引起的霉腐以及使人和动、植物中毒，其危害极大。据估计，每年全球因霉变而损失的粮食就达总产量的 2%左右。引起粮食、饲料霉变的微生物以曲霉属、青霉属和镰孢霉属的真菌为主，而其中有些是可产生致癌的真菌毒素的种类。

在目前已知的大约 9 万种真菌中，有 200 多个种可产生 100 余种真菌毒素，其中 14 种能致癌。由黄曲霉部分菌株产生的毒素(AFT)和一些镰孢菌产生的单端孢烯族毒素 T2 更是强烈的致癌剂。AFT 是于 1960 年因英国东南部的农村出现 10 万只火鸡死于一种病因不明的"火鸡 X 病"后才被发现的。经研究证明，从巴西进口的花生饼粉中污染有大量黄曲霉，由它所分泌的 AFT 才是"火鸡 X 病"的祸根。AFT 广泛分布于花生、玉米和大米("红变米""黄变米")等粮食及其加工品上，严重霉变者则含量很高。AFT 至少有 18 种衍生物，毒性以 B_1、B_2 和 G_1、G_2 最强。其中 B_1 的毒性超过 KCN，致癌性则比举世公认的三大致癌物还强得多，例如，比二甲基偶氮苯即"奶油黄"强900倍，比二甲基亚硝胺强75倍，比3,4-苯并芘强多倍。AFT在205℃高温下也只能被破坏65%，故一旦被污染就极难去除。实验证明，仅在一颗发霉严重的玉米上，就含40μg AFT，它足以使2羽雏鸭死亡；若对大鼠日投5μg AFT，其可在一个月内发生肝癌。为此，从1966年起，联合国和世界各国卫生部门都严格规定了食品和饲料中 B_1 的最高允许量，目前有些国家甚至提出"不许检出"的更严格的要求。在我国，消化系统癌症的发病率一直居高不下，且占了十大癌症（胃癌>肝癌>肺癌>食管癌>结肠癌>血癌>子宫颈癌>鼻咽癌>乳腺癌>膀胱癌）前5位中的4位，其中肝癌的发病率更比欧美各国高5~10倍，年死亡达10余万人，某些高发地区（启东、扶绥等）尤甚。这就提示微生物学工作者要带头认识和宣传"癌从口入"和"防癌必先防霉"的重要性。

5. 极端环境下的微生物

在自然界中，存在着一些绝大多数生物都无法生存的极端环境，诸如高温、低温、高酸、高碱、高盐、高毒、高渗、高压、干旱或高辐射强度等环境。凡依赖于这些极端环境才能正常生长繁殖的微生物，称为嗜极菌或极端微生物。由于它们在细胞构造、生命活动（生理、生化、遗传等）和种系进化上的突出特性，不仅在基础理论研究上有着重要的意义，而且在实际应用上有着巨大的潜力。因此，近年来备受世界各国学者的重视，从1997年起，还出版了国际性的学术刊物 Extremophiles——Life Under Extreme Conditions（《嗜极菌——极端条件下的生命》）。本书第六章第一节已对嗜热微生物、嗜冷微生物、嗜酸微生物和嗜碱微生物进行过介绍，在此不再赘述。

(1) 嗜盐微生物（halophile）

必须在高盐浓度下才能生长的微生物，称为嗜盐微生物，包括许多细菌和少数藻类。因细菌尤其是古生菌为嗜盐微生物的主体，故嗜盐微生物又称嗜盐菌。一般性的海洋微生物长期栖居在3%左右（0.2~0.5mol/L）NaCl的海洋环境中，仅属于低度嗜盐菌；中度嗜盐菌可生活在0.5~2.5mol/L NaCl 中；而必须生活在12%~30%（2.5~5.2mol/L）NaCl中的嗜盐菌，就称极端嗜盐菌，如盐杆菌属的有些种甚至能生长在饱和NaCl溶液（32%或5.5mol/L）中；在高、低盐度环境下均能正常生活的微生物，只能称为耐盐微生物。嗜盐微生物通常分布于盐湖（如死海）、晒盐场和腌制海产品等处。嗜盐微生物除嗜盐细菌外，还有光合细菌外硫红螺菌属和真核藻杜氏藻属等。至今已记载的极端嗜盐古生菌有6属共15个种，即盐球菌属、富盐菌属、盐盒菌属、嗜盐碱杆菌属和嗜盐碱球有属。

(2) 嗜压微生物（barophiles）

必须生长在高静水压环境中的微生物称嗜压微生物，因它们均为原核生物，故也可称嗜压菌。嗜压菌可细分为3类：耐压菌、嗜压菌和极端嗜压菌。

嗜压微生物普遍生活在深海区，少数生活在油井深处。海洋是地球表面最广大的生境，在海平面以下300m之内有各种生物在活动，此区称透光区；在300~1000m处尚能找到部分生物；而1000m以下的深海区，因处于低温（低于2℃）、高压和低营养条件下，故仅有极少量的嗜压菌兼嗜冷菌在生活着。在深度为 10 500m、海洋最深处的太平洋马里亚纳海沟中还可分离到极端嗜压菌。嗜压菌的研究难度极大,因采样、分离、研究等全过程均须在特制的高压容器中进行,故有关研究的进展较缓慢。

(3)抗辐射微生物

与上述几类嗜极菌不同的是,抗辐射微生物对辐射这一不良环境因素仅有抗性或耐受性,而不能有"嗜好"。微生物的抗辐射能力明显高于高等动、植物。以抗 X 射线为例,病毒高于细菌,细菌高于藻类,但原生动物往往有较高的抗性。1956 年首次分离到的耐辐射异常球菌是至今所知道的抗辐射能力最强的生物。该菌呈粉红色、G^+、无芽孢、不运动、细胞球状,直径 1.5~3.5μm,它的最大特点是具有高度抗辐射能力。例如,其 R1 菌株的抗 γ 射线能力是大肠埃希氏菌 B/r 菌株的 200 倍,其抗 UV 的能力是 B/r 菌株的 20 倍。据知,R1 菌株的抗 γ 射线能力最高可达 18 000Gy,是人耐辐射能力的 3000 余倍甚至更高,而 5000Gy 剂量则对其无甚影响。由于耐辐射异常球菌在研究生物抗辐射和 DNA 修复机制中的重要性,故人们对其全基因组序列的研究十分重视,并已于 1999 年破译(全长 3.28Mb)。

6. 生物体内外的正常菌群

(1)人体的正常菌群

在人体内外部生活着为数众多的微生物种类,其数量更是惊人,高达 $1×10^{14}$ 个,约为人体总细胞数的 10 倍。生活在健康动物各部位、数量大、种类较稳定、一般能发挥有益作用的微生物种群,称为正常菌群。正常菌群之间,正常菌群与其宿主之间,以及正常菌群与周围其他因子之间,都存在着种种密切关系,这就是微生态关系。人体正常菌群的研究起始于 1885 年,当时奥地利儿科医生 T. Escherich 在慕尼黑的一所儿童医院中,首次从尿布上分离到著名的菌种——大肠埃希氏菌。1977 年,德国学者 Volker Rush 最早提出微生态学的概念,旨在从细胞和分子水平上研究微观层次上的生态学规律,其任务为:a. 研究正常菌群的本质及其与宿主间的相互关系;b. 阐明微生态平衡与失调的机制;c. 指导微生态制剂的研制,以用于调整人体的微生态平衡。

人体共有五大微生态系统,包括消化道、呼吸道、泌尿生殖道、口腔和皮肤,其中尤以消化道的研究最多。据报道,在胃、肠中的微生物数量占了人体总携带量的 78.7%。在一般情况下,正常菌群与人体保持着一个十分和谐的平衡状态,在菌群内部各微生物间也相互制约,维持稳定、有序的相互关系,这就是微生态平衡。以人体肠道为例,在那里经常生活着 60~400 种不同的微生物,总数可达数百万亿个,粪便干重的 1/3 左右即为细菌。厌氧菌是肠道正常菌群的主体(约占 99%),尤其是其中的拟杆菌类、双歧杆菌类和乳杆菌类等更是优势菌群。

肠道正常菌群对宿主具有很多有益作用,包括排阻、抑制外来致病菌,提供维生素等营养,产生淀粉酶、蛋白酶等有助消化的酶类,分解有毒或致癌物质(亚硝胺等),产生有机酸、降低肠道 pH 和促进它的蠕动,刺激机体的免疫系统并提高其免疫力,以及存在一定程度的固氮作用(已证明肺炎克雷伯氏菌可补充以甜薯为主食的新几内亚人的蛋白质营养)等。

正常菌群的微生态平衡是相对的、可变的和有条件的。一旦宿主的防御功能减弱、正常菌群生长部位改变或长期服用抗生素等制菌药物，就会引起正常菌群失调。这时，原先某些不致病的正常菌群成员如大肠埃希氏菌、脆弱拟杆菌、白假丝酵母(旧称"白色念珠菌")就趁机转移或大量繁殖，成了致病菌。这类特殊的致病菌即称条件致病菌，由它们引起的感染，称为内源感染。例如，大肠中数量最多的拟杆菌在外科手术后，若消毒不当就会引起腹膜炎。

为调整和治疗因肠道等部位微生态失调而引起的疾病，从20世纪70年代起，就有人提出采用微生态制剂或益生菌剂的措施以恢复微生态平衡的设想。微生态制剂是依据微生态学理论而制成的含有有益菌的活菌制剂，其功能在于维持宿主的微生态平衡、调整宿主的微生态失调并兼有其他保健功能。"益生菌剂"是1974年由R. B. Parker正式提出，实际上成了微生态制剂的代名词，通常是指一类分离自正常菌群，以高含量活菌为主体，一般以口服或黏膜途径投入，有助于改善宿主特定部位微生态平衡并兼有若干其他有益生理活性的生物制剂。用于生产益生菌剂的优良菌种主要是属于严格厌氧菌类的双歧杆菌的某些菌、属于耐氧性厌氧菌类的乳酸杆菌和属于兼性厌氧球菌类的肠球菌类等。例如，用得最多的是两歧双歧杆菌、长双歧杆菌、青春双歧杆菌、婴儿双歧杆菌和短双歧杆菌、嗜酸乳杆菌、植物乳杆菌、短乳杆菌、甘酪乳杆菌和德氏乳杆菌保加利亚亚种(旧称"保加利亚乳杆菌")、粪肠球菌(旧称"粪链球菌")、乳酸乳球菌乳亚种和唾液链球菌嗜热亚种(旧称"嗜热链球菌")等。这些菌种已被制成冻干菌粉、活菌胶囊或微胶囊形式的药剂或保健品并出售；口服液形式的产品因不利于有益菌的存活，故未在国际市场销售。

(2) 无菌动物与悉生生物

凡在其体内外不存在任何正常菌群的动物，称为无菌动物。它是在无菌条件下，将剖宫产的哺乳动物(鼠、兔、猴、猪、羊等)或特别孵育的禽类等实验动物，放在无菌培养器中进行精心培养而成。无菌动物最初起始于1928年。用无菌动物进行试验，可排除正常菌群的干扰，从而使人们可以更深入、更精确地研究动物的免疫、营养、代谢、衰老和疾病等科学问题。用同样的原理和合适的方法，也可获得供研究用的无菌植物。

凡已人为地接种上某种或某些已知纯种微生物的无菌动物或植物，称为悉生生物，意即"已知其上所含微生物群的大生物"。研究悉生生物的学科称悉生生物学或悉生学。最早提出悉生生物学观点的是微生物学奠基人巴斯德，他于1885年时就认为，"如果在动物体内没有肠道细菌的话，则它们的生命是不可能维持下去的。"由此可见，每一高等动、植物的正常个体，实际上都是它们与微生物在一起的一个共生复合体。

通过悉生生物的研究，发现了无菌动物的免疫功能十分低下，有关器官萎缩；营养要求更高(如需维生素K)；对枯草芽孢杆菌等一批非致病菌也易感染并能致病；等等。

(3) 根际微生物和附生微生物

① 根际微生物　生活在根系邻近土壤，依赖根系的分泌物、外渗物和脱落细胞而生长，一般对植物发挥有益作用的正常菌群，称为根际微生物，又称根圈微生物。它们多数为G^-细菌，如假单胞菌属、土壤杆菌属、无色杆菌属和节杆菌属等。

②附生微生物　生活在植物地上部分表面，主要借植物外渗物质或分泌物质为营养的微生物，称附生微生物，主要为叶面微生物。鲜叶表面一般含细菌 $1×10^6$ 个/g，还有少量酵母菌和霉菌，放线菌则很少。附生微生物具有促进植物发育（如固氮等）、提高种子品质等有益作用，也具有可能引起植物腐烂甚至致病等有害作用。一些蔬菜、牧草和果实等表面存在的乳酸菌、酵母菌等附生微生物，在泡菜和酸菜的腌制、饲料的青贮以及果酒酿造时，还起着天然接种剂的作用。

二、菌种资源的开发

据《国际微生物学会联盟通讯》（IUMS News）有关专家于 1995 年的估计，全球有 50 万~600 万种微生物，而至今已被研究和记载过的还不到 5%，包括 3500 种细菌和 90 000 种真菌、100 000 种藻类和原生动物以及 4000 种病毒等共 20 万种。这是何等丰富和有开发潜力的生物资源！

土壤是最丰富的微生物资源库，动、植物体上的正常微生物区系也是重要的菌种来源，而各种极端环境更是开发具有特种功能的微生物的潜在"富矿"。

在自然菌样中筛选较理想的生产菌种是一件极其细致和艰辛的工作，历史上对抗生素研究做过杰出贡献的著名微生物学家 S. A. Waksman 在回顾其筛选链霉素生产菌的经历时，更是达到"万里挑一"的地步。当前，借助于先进的科学理论和自动化的实验设备，菌种筛选效率已大为提高，但其一般步骤仍为：采集菌样→富集培养→纯种分离→性能测定。

第二节　微生物与生物环境间的关系

生物间的相互关系是既多样又复杂的。如果对甲、乙两种生物间的种种关系做剖析，则理论上不外乎有以下 9 种类型：

①既利甲又利乙（++）　如共生、互利共生、互养共栖和协同共栖等。
②利甲而损乙（+-）　如寄生、捕食和颉颃等。
③利甲而不损乙（+0）　如偏利共栖、卫星状共栖和互生（或称代谢共栖、半共生）。
④不损甲而利乙（0+）　例同③。
⑤既不损甲也不损乙，既不利甲也不利乙（00）　如中性共栖（即无关共栖）。
⑥不利甲而损乙（0-）　如偏害共栖。
⑦损甲而利乙（-+）　例同②。
⑧损甲而不利乙（-0）　例同⑥。
⑨既损甲又损乙（--）　例如竞争共栖。

以下就微生物间和微生物与他种生物间最典型和重要的 5 种相互关系做一简介。

一、互生

两种可单独生活的生物，当它们在一起时，通过各自的代谢活动而有利于对方，或偏利于一方的生活方式，称为互生（即代谢共栖），这是一种"可分可合，合比分好"的松散的相互关系。

1. 微生物间的互生

在土壤微生物中，互生关系十分普遍。例如，好氧性自生固氮菌与纤维素分解菌生活在一起时，后者分解纤维素的产物（有机酸）可为前者提供固氮时的营养，而前者则向后者提供氮素营养物。

2. 人体肠道中正常菌群与人的互生

这是微生物与人体互生的例子，详细内容见本章第一节。

3. 互生现象与发酵工业中的混菌培养

混菌培养又称混合培养，有时也称混合发酵，这是在深入研究微生物纯培养基础上的人工"微生物生态工程"。例如，一种具有我国特色的"二步发酵法生产维生素C"的先进工艺，就是混菌发酵法的一个很好例证。

维生素C是一种重要药物，自1935年由德国学者Reichstein发明了由葡萄糖作原料的莱氏法即一步发酵法（指反应中只有一步由微生物发酵，其余各步均为化学转化反应）以来，直至20世纪70年代，才由我国学者做了重大改进，发明了二步发酵法（指反应中有两步由微生物发酵，其余各步仍为化学转化反应）。试验证明，如果单用氧化葡萄酸杆菌进行发酵，则不仅它的生长很差，且产生2-酮基-L-古龙酸的能力微弱；而单用条纹假单胞菌时，则根本不产酸；反之，若把两个菌株混菌发酵，就能将L-山梨糖不断转化成维生素C的前体——2-酮基-L-古龙酸。混菌培养除联合混菌培养（指双菌同时培养）外，还有序列混菌培养（甲、乙两菌先后培养）、共固定化细胞混菌培养（甲、乙两菌混在一起制成固定化细胞）和混合固定化细胞混菌培养（甲、乙两菌先分别制成固定化细胞，然后两者混合培养）等多种形式。

二、共生

共生是指两种生物共居在一起，相互分工合作、相依为命，甚至达到难分难解、合二为一的极其紧密的一种相互关系。

1. 微生物间的共生

最典型的例子是由菌藻共生或菌菌共生的地衣。前者是真菌（一般为子囊菌）与绿藻共生，后者是真菌与蓝细菌（旧称蓝绿藻或蓝藻）共生。其中的绿藻或蓝细菌进行光合作用，为真菌提供有机养料，而真菌则以其产生的有机酸分解岩石，从而为藻类或蓝细菌提供矿质元素。

2. 微生物与植物间的共生

(1) 根瘤菌与植物的共生

包括人们熟知的各种根瘤菌与豆科植物间的共生以及非豆科植物（桤木属、杨梅属、美洲茶属等）与弗兰克氏菌属放线菌的共生等。

（2）菌根菌与植物的共生

在自然界中，大部分植物都长有菌根，它具有改善植物营养、调节植物代谢和增强植物抗病能力等功能。有些植物，如兰科植物其种子若无菌根菌的共生就不会发芽，杜鹃科植物其幼苗若无菌根菌的共生就不能存活。菌根有外生菌根和内生菌根两大类，后者又可分为6个主要亚型，但以丛枝状菌根最为重要。

①外生菌根　存在于30余科植物的一些种、属中，尤其以木本的乔、灌木居多，如松科等。能形成外生菌根的真菌主要是担子菌，其次是子囊菌，它们一般可与多种宿主共生。外生菌根的主要特征是菌丝在宿主根表生长繁殖，交织成致密的网套状构造，称作菌套，以发挥类似根毛的作用；另一特征是菌套内层的一些菌丝可透过根的表皮进入皮层组织，把根部外皮层细胞逐一包围起来，以增加两者间的接触和物质交换面积，这种特殊的菌丝结构称为哈蒂氏网。

②丛枝状菌根　是一种最常见和最重要的内生菌根。丛枝状菌根虽是内生菌根，但在根外也能形成一层松散的菌丝网，当其穿过根的表皮而进入皮层细胞间或细胞内时，即可在皮层中随处延伸，形成内生菌丝。内生菌丝可在皮层细胞内连续发生双叉分枝，由此产生的灌木状构造称为丛枝。少数丛枝状菌根菌的菌丝末端膨大，形成泡囊。因此，丛枝状菌根又称泡囊-丛枝状菌根。在自然界中，约80%陆生植物包括大量的栽培植物（小麦、玉米、棉花、烟草、大豆、甘蔗、马铃薯、番茄、苹果、柑橘和葡萄等）具有AM，它是由内囊霉科中部分真菌（6个属）与高等植物根部间形成的一种共生体系。目前这类真菌已可在植物细胞培养物中生长，但还不能在人工培养基上生长繁殖。

3. 微生物与动物间的共生

（1）微生物与昆虫的共生

在白蚁、蟑螂等昆虫的肠道中有大量的细菌和原生动物与其共生。以白蚁为例，其后肠中至少生活着100种细菌和原生动物（其中30多种已做过鉴定），数量极大（肠液中含细菌为$1×10^7$~$1×10^{11}$个/mL，原生动物为$1×10^6$个/mL），它们可在厌氧条件下分解纤维素供白蚁营养，而它们自身则可获得稳定的其他生活条件。这类仅生活在宿主细胞外的共生生物，称外共生生物。另一类是内共生生物，这类微生物生活在蟑螂、蝉、蚜虫和象鼻虫等许多昆虫的细胞内，可为它们提供B族维生素等成分。

（2）瘤胃微生物与反刍动物的共生

牛、羊、鹿、骆驼和长颈鹿等属于反刍动物，它们一般都有由瘤胃、网胃（蜂巢胃）、瓣胃和皱胃4部分组成的反刍胃，通过与瘤胃微生物的共生，它们才可消化植物的纤维素。其中，反刍动物为瘤胃微生物提供纤维素和无机盐等养料、水分、合适的温度和pH，以及良好的搅拌和无氧环境，而瘤胃微生物则协助其把纤维素分解成有机酸以供瘤胃吸收，同时，由此产生的大量菌体蛋白通过皱胃的消化而向反刍动物提供充足的蛋白质养料（占蛋白质需要量的40%~90%）。

牛瘤胃的容积可达100L以上，其中约生长着100种细菌和原生动物，且数量极大（细菌达$1×10^9$~$1×10^{13}$个/g内含物，原生动物可达$1×10^4$个/g内含物）。荷兰和美国等的学者发现,若在牛饲料中添加 1.3%~1.5%的磷酸脲,可促进瘤胃微生物的生长繁殖,从而达到增奶 8%~10%、增重 5%~10%、降低饲料消耗 3%~5% 和提高经济效益 12%~12.5% 的显著作用。

三、寄生

寄生一般指一种小型生物生活在另一种较大型生物的体内(包括细胞内)或体表,从中夺取营养并进行生长繁殖,同时使后者蒙受损害甚至被杀死的一种相互关系。前者称为寄生物,后者则称作宿主或寄主。寄生又可分为细胞内寄生和细胞外寄生,或专性寄生和兼性寄生等。

1. 微生物间的寄生

微生物间寄生的典型例子是噬菌体与其宿主菌的关系。1962 年,H. Stolp 等人发现了小型细菌寄生在大型细菌中的独特寄生现象,从而引起了学术界的巨大兴趣。其中小型细菌称为蛭弧菌(*Bdellovibrio*,"bdello"有"蚂蟥"或"吸血者"的意思),至今已知有 3 个种,其中研究得较详细的是食菌蛭弧菌。此菌的细胞呈弧状,G^-,大小为 $(0.25~0.4)\mu m \times (0.8~1.2)\mu m$,一端为单生鞭毛,专性好氧;不能利用葡萄糖产能,可氧化氨基酸和乙酸产能(通过 TCA 循环);广泛分布于土壤、污水甚至海水中;其寄生对象主要是 G^- 细菌,尤其是一些肠杆菌和假单胞菌,如大肠埃希氏菌、栖菜豆假单胞菌和稻白叶枯黄单胞菌等。

短弧菌的生活史:通过高速运动,细胞的一端与宿主细胞壁接触,凭其快速旋转(>100 周/s)和分泌水解酶类,即可进入宿主的周质空间内;然后鞭毛脱落,分泌消化酶,逐步把宿主的原生质作为自己的营养,这时已死亡的宿主细胞开始膨胀成圆球状,称为蛭质体,其中蛭弧菌细胞不断延长、分裂、繁殖,待新个体——长出鞭毛后,就破壁而出,并重新寄生新的宿主细胞。整个生活史需 2.5~4.0h。若在宿主菌的平板菌苔上滴加土壤或污水的滤液,可在其上形成特殊的"噬菌斑",它与由噬菌体形成的噬菌斑不同之处是,由蛭弧菌形成的"噬菌斑"会不断扩大,且可呈现一定的颜色。

蛭弧菌的发现,不但在细菌间找到了寄生的实例,而且为医疗保健和农作物的生物防治提供了一条新的可能途径。

2. 微生物与植物间的寄生

微生物寄生于植物的例子是极其普遍的,各种植物病原微生物(又称病原体或病原菌)都是寄生物,它们以真菌和病毒居多,细菌相对较少。按寄生的程度来分,凡必须从活的植物细胞或组织中获取其所需营养物才能生存者,称为专性寄生物,如真菌中的白粉菌属、霜霉属以及全部植物病毒等;另一类是除寄生生活外,还可生活在死植物上或人工配制的培养基中,这就是兼性寄生物。由植物病原菌引起的植物病害,对生产危害极大,应采取各种手段进行防治。

3. 微生物与动物间的寄生

寄生于动物的微生物即为动物病原微生物,种类极多,包括各种病毒、细菌、真菌和原生动物等。其中最重要和研究得较深入的是人体和高等动物的病原微生物；另一类是寄生于有害动物尤其是多数昆虫的病原微生物，包括细菌、病毒和真菌等，可用于制成微生物杀虫剂或生物农药，例如，用苏云金杆菌制成细菌杀虫剂，以球孢白僵菌制成真菌杀虫剂和以各种病毒多角体制成病毒杀虫剂等。当然，寄生于昆虫的真菌也有形成名贵中药的，如产于青藏高原的冬虫夏草。

四、颉颃

颉颃又称抗生，指由某种生物所产生的特定代谢产物可抑制他种生物的生长发育甚至杀死它们的一种相互关系。在一般情况下，颉颃通常指微生物间产生抗生素之类物质而行使的"化学战术"。在制作民间食品泡菜和牲畜的青贮饲料过程中，也存在着颉颃关系：在密封容器中，当好氧菌和兼性厌氧菌消耗了其中的残存氧气后，就为各种乳酸细菌包括植物乳杆菌、短乳杆菌、肠膜明串珠菌和戊糖片球菌等厌氧菌的生长、繁殖创造了良好的条件。通过它们产生的乳酸对其他腐败菌的颉颃作用才保证了泡菜或青贮饲料的风味、质量和良好的保藏性能。

由颉颃性微生物产生能抑制或杀死他种生物的抗生素，这是最典型并与人类关系最密切的例子。截至1984年，已报道过的天然来源抗生物质已有10 700种，其中大部分由微生物产生：放线菌占43%，真菌占15%，细菌占9%，藻类占2%，地衣占1%（另有高等植物23%和动物7%）。

五、捕食

捕食又称猎食，一般指一种大型的生物直接捕捉、吞食另一种小型生物以满足其营养需要的相互关系。微生物间的捕食关系主要是原生动物捕食细菌和藻类，这是水体生态系统中食物链的基本环节，在污水净化中也有重要作用。另有一类是由捕食性真菌如少孢节丛孢菌等捕食土壤线虫的例子，对生物防治具有一定的意义。

第三节 微生物与自然界物质循环

自然界蕴藏着极其丰富的元素。原始地球上所含的主要元素有O、Si、Mg、S、Na、Ca、Fe、Al、P、H、C、Cl、F和N等，大自然对于生命世界来说，可比喻为一个庞大无比的"元素银行"。随着地球上生命的起源和不断繁荣发展，"元素银行"中为构建生物体所必需的20种左右常用元素就会逐步被"借用"直至"借空"，从而使它无法继续运转，因而生物界亦将不再有任何生机，届时将出现美国著名科普作家R·卡逊在其名著《寂静的春天》中所描述的可怕情景。因此，自然法则要求任何生物个体在其短暂的一生中，只能充当一个向"元素银行"暂借所需元素的临时"客户"，而绝不允许其永久霸占。在这一自然法则中，微生物实际上扮演了一个不可或缺的"逼债者"（即分解者或还原者）的作用。任何地方，一旦阻碍了微生物的生命活动，那里就会失去生态平衡，就会出现"寂静的春天"。可以认为，整个生物圈要获得繁荣昌盛和发展，其能量来源是太阳，而其元素来源则主要依赖于由微生物所推动的生物地球化学循环。

一、碳素循环

碳元素是组成生物体各种有机物中最主要的组分,它约占有机物干重的 50%。自然界中碳元素以多种形式存在着,包括循环极快的大气中的 CO_2、溶于水的 CO_2 和有机物(死或活的生物)中的碳。此外,还有贮量极大、很少参与循环的岩石(石灰石、大理石)和化石燃料(煤、石油、天然气等)中的碳。

微生物在碳素循环中发挥着最大的作用。大气中低含量(0.032%)的 CO_2 只够绿色植物和微生物进行约 20 年光合作用之需。由于微生物的降解作用、呼吸作用、发酵作用或甲烷形成作用,就可使光合作用形成的有机物尽快分解、矿化和释放,从而使生物圈处于一种良好的碳平衡的环境中。据估计,地球上 90% 以上有机物的矿化作用都是由细菌和真菌完成的。

二、氮素循环

自然界中氮元素及其化合物的种类和化合价为 $R-NH_2(-3)$、$NH_3(-3)$、$N_2(0)$、$N_2O(+1)$、$NO(+2)$、$NO_2^-(+3)$、$NO_2(+4)$ 和 $NO_3^-(+5)$,主要形式有氨和铵盐、亚硝酸盐、硝酸盐、有机含氮物和气态氮 5 类。其中前 3 类呈高度水溶性,是植物和大部分微生物的良好氮素营养,但自然界存量过少;第四类是各种活的或死的含氮有机物,在自然界含量也很少,它必须通过微生物的分解才能重新被绿色植物等所利用;第五类即气态氮,是自然界最为丰富的氮元素库,全球蕴藏量达 $1×10^{13}$ t,可是,只有极少数的原核固氮生物才能利用它。

由于氮元素在整个生物界中的重要性,故自然界中氮素循环极其重要。在氮素循环的 8 个环节中,有 6 个只能通过微生物才能进行。特别是为整个生物圈开辟氮素营养源的生物固氮作用,更属原核生物的"专利",因此,可以认为微生物是自然界氮素循环中的核心生物。

1. 生物固氮

生物固氮为地球上整个生物圈中一切生物提供了最重要的氮素营养源。据估计,全球年固氮量约为 $2.4×10^8$ t,其中约 85% 是生物固氮。在生物固氮中,60% 由陆生固氮生物完成,40% 由海洋固氮生物完成。

2. 硝化作用

氨态氮经硝化细菌的氧化,转变为硝酸态氮的过程,称硝化作用。此反应必须在通气良好、pH 接近中性的土壤或水体中才能进行。硝化作用分两个阶段:a. 氨氧化为亚硝酸,由一群化能自养菌(亚硝化细菌)引起,如亚硝化单胞菌属等;b. 亚硝酸氧化为硝酸,由一群化能自养菌(硝酸化细菌)引起,如硝化杆菌属等。硝化作用在自然界氮素循环中是不可缺少的一环,但对农业生产并无多大利益,主要是硝酸盐比铵盐水溶性强,极易随雨水流入江、河、湖、海中,不仅大大降低肥料的利用率(硝酸盐氮肥一般利用率仅 40%),而且会引起水体的富营养化,进而导致"水华"或"赤潮"等严重污染事件的发生。土壤中的硝化作用可用化学药剂硝吡啉(即 2-氯-6-三氯甲基吡啶)去抑制。

3. 同化性硝酸盐还原作用

同化性硝酸盐还原作用指硝酸盐被生物体还原成铵盐并进一步合成各种含氮有机物的过程。所有绿色植物、多数真菌和部分原核生物都能进行此反应。

4. 氨化作用

氨化作用指含氮有机物经微生物的分解而产生氨的作用,含氮有机物主要是蛋白质、尿素、尿酸、核酸和几丁质等。许多好氧菌如多种芽孢杆菌、普通变形杆菌、荧光假单胞菌和一些厌氧菌如多种梭菌等都具有强烈的氨化作用能力。氨化作用对提供农作物氮素营养十分重要。

5. 铵盐同化作用

以铵盐作营养,合成氨基酸、蛋白质和核酸等有机含氮物的作用,称铵盐同化作用,一切绿色植物和许多微生物都有此能力。

6. 异化性硝酸盐还原作用

异化性硝酸盐还原作用指硝酸离子充作呼吸链(电子传递链)末端的电子受体而被还原为亚硝酸的作用。能进行这种反应的都是一些微生物,尤其是兼性厌氧菌(厌氧呼吸和硝酸盐呼吸)。

7. 反硝化作用

反硝化作用又称脱氮作用,指硝酸盐转化为气态氮化物(N_2 和 N_2O)的作用。由于它一般发生在 pH 为中性至微碱性的厌氧条件下,所以多见于淹水土壤或死水塘中。一些化能异养型微生物和化能自养型微生物可进行反硝化作用,如地衣芽孢杆菌、脱氮副球菌和脱氮硫杆菌等。反硝化作用会引起土壤中氮肥严重损失(可占施入化肥量的 3/4 左右),因此对农业生产十分不利。

8. 亚硝酸氨化作用

亚硝酸氨化作用指亚硝酸通过异化性还原经羟氨转变成氨的作用。一些气单胞菌、芽孢杆菌和大肠杆菌等可进行此类反应。

三、硫素循环与细菌沥滤

1. 硫素循环

硫是构成生命物质所必需的元素。在生物体内,一般 C∶N∶S 约为 100∶10∶1。自然界中蕴藏着丰富的硫,在自然界中硫素循环的方式与氮素相似,每个环节都有相应的微生物群参与。

(1) 同化性硫酸盐还原作用

同化性硫酸盐还原作用指硫酸盐经还原后，最终以巯基形式固定在蛋白质等成分中。可由植物和微生物引起。

(2) 脱硫作用

脱硫作用指在无氧条件下，通过一些腐败微生物的作用，把生物体中蛋白质等含硫有机物中的硫分解成 H_2S 等含硫气体的作用。

(3) 硫化作用

硫化作用即硫的氧化作用，指 H_2S 或 S^0 被微生物氧化成硫或硫酸的作用，如好氧菌贝日阿托氏菌属和硫杆菌属，以及光合厌氧菌绿菌属和着色菌属等。

(4) 异化性硫酸盐还原作用

异化性硫酸盐还原作用指硫酸作为厌氧菌呼吸链(电子传递链)的末端电子受体而被还原为亚硫酸或 H_2S 的作用(硫酸盐呼吸)，脱硫弧菌属等能进行此反应。

(5) 异化性硫还原作用

异化性硫还原作用指硫还原成 H_2S 的作用，可由脱硫单胞菌属等引起。

微生物不仅在自然界硫元素的循环中发挥了巨大作用，而且还与硫矿的形成，地下金属管道、舰船和建筑物基础的腐蚀，铜、铀等金属的细菌沥滤，以及农业生产等都有密切的关系。在农业生产上，微生物硫化作用产生的硫酸，不仅是植物的硫素营养源，而且还有助于磷、钾等营养元素的溶出和利用。当然，在通气不良的土壤中发生硫酸盐还原时，产生的 H_2S 会引起水稻烂根等毒害，应予以防止。

2. 细菌沥滤

细菌沥滤又称细菌浸出或细菌冶金。在我国宋朝，江西等地已有自发地应用细菌沥滤技术生产过铜的记载。现代细菌沥滤技术是在1947年后才发展起来的。其原理是利用化能自养细菌对矿物中的硫或硫化物进行氧化，使它不断生产和再生酸性浸矿剂，并让低品位矿石中的铜等金属以硫酸铜等形式不断溶解出来，然后再采用电动序较低的铁等金属粉末进行置换，以此获取铜等有色金属或稀有金属。

在铜矿的细菌沥滤中，包括3个环节：

(1) 溶矿

不同的铜矿石经粉碎后，通过浸矿剂 $Fe_2(SO_4)_3$ 或 H_2SO_4 的作用，产生了大量的 $CuSO_4$。

(2) 置换

此反应纯属电化学中的置换反应，一般采用铁屑置换出"海绵铜"，待进一步加工。

(3) 再生浸矿剂

这是细菌沥滤中的关键工艺。由好氧性的化能自养细菌——氧化亚铁硫杆菌生产和再生浸矿剂 $Fe_2(SO_4)_3$ 或 H_2SO_4。

细菌沥滤特别适合于次生硫化矿和氧化矿的浸取，其浸取率可达70%~80%，也适合于锰、镍、锌和钼等硫化矿物或铀等若干稀有元素的提取。其优点是投资少、成本低、操作简便以及规模可大可小，尤其适合于贫矿、废矿、尾矿或火冶矿渣中金属的浸出；缺点是周期长、矿种有限以及不适宜高寒地带使用等。

四、磷素循环

磷在一切生物遗传信息载体（DNA）、生物膜以及生物能量转换和贮存物质（ATP 等）的组成中不可缺少，所以，它是一切生命物质中的核心元素。然而，在生物圈中，以磷酸形式存在的生物可利用的磷元素却十分稀缺。在农业生产中，作为肥料三要素之一的磷，在长期施用单一氮肥的土壤中，也是最短缺的"瓶颈"元素之一。因此，掌握磷元素的转化规律，对指导农业生产有很大的意义。

由于磷元素及其化合物没有气态形式，且磷无价态的变化，故磷素循环即磷的地球化学循环较其他元素简单，属于一种典型的沉积循环。它的 3 个主要转化环节如下。

(1) 不溶性无机磷的可溶化

土壤或岩石中的不溶性磷化物主要是磷酸钙和磷灰石。由微生物对有机磷化物分解后产生的磷酸，在土壤中也极易形成难溶性的钙盐、镁盐或铝盐。在微生物代谢过程中产生的各种酸，包括多种细菌和真菌产生的有机酸，以及一些化能自养型细菌（如硫化细菌和硝化细菌）产生的硫酸和硝酸，都可促使无机磷化物的溶解。因此，在农业生产中，可利用上述菌种与磷矿粉的混合物制成细菌磷肥。

(2) 可溶性无机磷的有机化

此即各类生物对无机磷的同化作用。在施用过量磷肥的土壤中，会因雨水的冲刷而使磷元素随水流至江、河、湖、海中；在城镇居民中，大量使用含磷洗涤剂也会使周边地区水体磷元素超标。当水体中可溶性磷酸盐的浓度过高时，会造成水体的富营养化，这时如果氮素营养适宜，就会促使蓝细菌、绿藻和原生动物等大量繁殖，并由此引起湖水中的"水华"或海水中的"赤潮"等大面积的环境污染事故。

(3) 有机磷的矿化

生物体中的有机磷化物进入土壤后，通过微生物的转化、合成，最后主要以植酸盐（又称植素或肌醇六磷酸）、核酸及其衍生物和磷脂 3 种形式存在。它们经各种腐生微生物分解后，形成植物可利用的可溶性无机磷化物。这类微生物包括一些芽孢杆菌、一些链霉菌、一些曲霉和一些青霉等。如解磷巨大芽孢杆菌，因能有效分解核酸和卵磷脂等有机磷化物，已被制成磷细菌肥料应用于农业的增产上。

第四节　微生物与环境保护

在当代，随着人类工、农业生产的高速发展和全球人口的激增，人类赖以生存的自然环境发生严重恶化，人类在付出沉重而惨痛的代价后，才逐步意识到只有全人类联合起来，走保护生态和可持续发展的道路，才有可能拯救人类唯一的家园——地球。

造成环境问题的主要由包括两个方面：一是自然本身的不平衡，二是人为污染。环境污染特指人为污染。所谓环境污染，主要指土壤或水体等生态系统的结构和功能受外来有害因素的破坏而失去了平衡，导致物质流、能量流无法正常运转的现象。土壤或水体自净能力的丧失，就是环境污染的典型例子。

一、水体的污染——富营养化

自然水体，尤其是快速流动、溶氧量高的水体，对进入其中的有机或无机污染物具有明显的自净作用，其中除包含物理性的沉淀、扩散、稀释作用和化学性的氧化作用外，起关键作用的则是生物学和生物化学作用，例如，好氧性细菌对有机物的降解和分解作用，原生动物对细菌的吞噬作用，噬菌体对细菌的裂解作用，细菌糖被（荚膜物质）对污染物的吸附、沉降作用，以及藻类的光合作用等。这就是"流水不腐"的主要原因。可是，当水体发生富营养化等严重污染时，自净作用就受到了破坏。

富营养化是指水体中因氮、磷等元素含量过高而引起水体表层的蓝细菌和藻类过度生长繁殖的现象。这时，下层水体不但缺光而少氧，而且大量死藻因细菌的分解而进一步造成了厌氧和有毒的环境。水华和赤潮就是由富营养化而引起的典型事例。

水华指发生在淡水水体（池、河、江、湖）中的富营养化现象。其特点是，在温暖季节，当水体中的氮、磷比例达（15~20）：1时，水中的蓝细菌和浮游藻类突然快速繁殖，从而使水面形成了一薄层蓝、绿色的藻体和泡沫。其中生长着的蓝细菌类有微囊蓝细菌、鱼腥蓝细菌和束丝蓝细菌等；藻类有衣藻、裸藻和多种硅藻等，其中许多种类均产毒素。赤潮指发生在河口、港湾或浅海等咸水区水体的富营养化现象。近年来，我国沿海赤潮十分频繁。赤潮生物多达260余种，包括蓝细菌、藻类和原生动物，如铜绿微囊蓝细菌、多种甲藻和一些夜光虫等，已知其中有70余种产毒，因此对渔业、养殖业危害极大，并对海狮等海洋哺乳动物的生存构成了严重威胁。水华和赤潮等大面积水体污染一旦发生，就很难治理，只能设法通过严格制定和执行环保法规及强化一系列有关预防措施才能根本消除。

二、微生物与环境污染监测

由于微生物细胞与环境接触的直接性以及微生物对其反应的多样性和敏感性，微生物成为环境污染监测中重要的指示生物，微生物的生长、繁殖量和其他生理、生化反应是鉴定微生物生存环境质量优劣的常用指标。例如，用肠道菌群的数量作为水体质量的指标，用鼠伤寒沙门氏杆菌的组氨酸缺陷突变株的回复突变即艾姆氏试验法（Ames test）检测水体的污染状况和食品、饮料、药物中是否含有"三致"（致癌变、致畸变、致突变）毒物。此外，利用生物发光监测环境污染是一个既灵敏又有特色的方法，现对其做简要介绍。

发光细菌是一类G^-、长有极生鞭毛的杆菌或弧菌，兼性厌氧，在有氧条件下能发出波长为475~505nm的荧光。多数为海水生。当死的海鱼在10~20℃下保存1~2d时，其体表可长出发光细菌的菌落或成片菌苔，在暗室中肉眼可见，并可从中分离它们。发光细菌多数属于发光杆菌属和弧菌属。

生物发光的生化反应是NADH中的[H]先传递给黄素蛋白以形成$FMNH_2$，然后其中的[H]不经过呼吸链而直接转移给分子氧，能量以光能形式释放。其反应为：

$$FMNH_2 + O_2 + RCHO \xrightarrow{\text{荧光素酶}} FMH + RCOOH + H_2O + \text{光}$$

因此，除初级电子供体 NADH 外，发光反应还须提供 FMN、长链脂族醛（一般为十二烷醛）、O_2 和荧光素酶这 4 个条件。在发光细菌中，单个或较稀的细胞群不发荧光，只有当细胞达到一定浓度尤其是形成菌落或菌苔时才会发光。经研究发现，细菌合成荧光素酶是通过一种独特的称作自诱导方式进行的，即在发光细菌生长时，会分泌一种自诱导物至周围环境中，当浓度达到临界点时，就会诱导自身合成荧光素酶。研究发现，在费氏弧菌中，自诱导物就是 N-β-酮基己酰基同型丝氨酸内酯。

细菌发光的强度受环境中氧浓度、毒物种类及其含量等的影响，只要用灵敏的光电测定仪器就可方便地检测试样的污染程度或毒物的毒性强弱。试验中一般采用咸水型发光细菌——明亮发光杆菌作为试验菌种。近年来，我国学者利用从淡水湖分离出的一株青海弧菌作试验菌，成功地制成了有特色的淡水型发光细菌冻干菌粉产品，经活化后，可随时测定水质的污染情况。

三、微生物与污染治理

1. 污水的微生物处理

水源的污染是危害最大、最广的环境污染。污水的种类很多，包括生活污水、农牧业污水、工业有机污水（如屠宰厂、造纸厂、淀粉厂和发酵工厂污水）和工业有毒污水（如农药厂、炸药厂、石油厂、化工厂、电镀厂、印染厂、制革厂和制药厂污水）等。大城市的水污染尤其严重。在工业有毒污水中所含的农药、炸药、多氯联苯（PCB）、多环芳烃、酚、氰、丙烯腈和重金属离子等都属剧毒物质或"三致"（致癌、致畸、致突变）物质，若不加处理，则后果极其严重。在各种污水处理方法中，最根本、有效和简便的方法就是利用微生物的处理法（又称生化处理法）。

（1）微生物处理污水的原理

用微生物处理、净化污水的过程，实质上就是在污水处理装置这一小型人工生态系统内，利用不同生理、生化功能微生物间的协同作用而进行的一种物质循环过程。当高生化需氧量的污水进入污水处理系统后，随着时间的推延，其中的自然菌群在好氧条件下，在污水这一"选择性培养基"中，发生着有规律的群落演替，从而使污水中的有机物或毒物不断被降解、氧化、分解、转化或吸附、沉降，进而达到消除污染和降解、分层的效果。在废气自然逸出后，生化需氧量较低的清水可重新流入河道，而处理后留下的少量固体残渣（活性污泥、生物膜）则可进一步通过污泥消化（沼气发酵）等厌氧处理法产生沼气燃料和浓缩的有机肥供人们利用。

在污水处理中应该熟悉的几个常用名词有：

①生化需氧量（BOD） 或称生化耗氧量，是水中有机物含量的一个间接指标。一般指在 1L 污水或待测水样中所含的一部分易氧化的有机物，当微生物对其氧化、分解时，所消耗的水中溶解氧量（单位为 mg/L）。BOD 的测定条件一般规定在 20℃下 5 昼夜，故常用 BOD_5（5 日生化需氧量）符号表示。我国对地面水环境质量标准的规定为：一级水 $BOD_5 <$

1mg/L，二级水<3mg/L，三级水<4mg/L。若>10mg/L，表示该水已被严重污染，鱼类无法生存。

②化学需氧量（COD） 是表示水体中有机物含量的一个简便的间接指标，指 1L 污水中所含的有机物在用强氧化剂将它氧化后，所消耗氧的量（单位为 mg/L）。常用的化学氧化剂有 K_2Cr_2O 或 $KMnO_4$，但前者的氧化力更强，能使水体中 80%~100% 的有机物迅速氧化，故被优先选用，由此测得的 COD 值应标以"COD"。此法较测 BOD 更为快速简便。同一水样其 BOD_5 和 COD 值并不相等，但它们间有一定的比例关系。

③总需氧量（TOD） 指污水中能被氧化的物质（主要是有机物）在高温下燃烧变成稳定氧化物时所需的氧量。TOD 是评价某水质的综合指标之一，与测 BOD 或 COD 相比，具有快速、重现性好等优点，但需用灵敏的检测仪器测定。

④溶解氧量（DO） 指溶于水体中的分子态氧的量，是评价水质优劣的重要指标。DO 值大小是水体能否进行自净作用的关键。天然水的 DO 值一般为 5~10mg/L。我国规定地面水水质的合格标准为 DO>4mg/L。

⑤悬浮物含量（SS） 指污水中不溶性固态物质的含量。

⑥总有机碳含量（TOC） 指水体内所含有机物中的全部有机碳的量。可通过把水样中的所有有机物全部氧化成 CO_2 和 H_2O，然后测定生成 CO_2 的量来计算。

(2) 用于污水处理的特种微生物

在自然界中，广泛存在着能分解特定污染物的微生物，若能对它们进行分离、选育并进行遗传改造，就可获得能治理特定污染物的高效菌种。

①分解氰 能产生氰水解酶的一些诺卡氏菌、假单胞菌、腐皮镰孢霉和木素木霉等。

②分解丙烯腈 珊瑚诺卡氏菌等。

③分解多氯联苯（PCB） 一些红酵母、假单胞菌和无色杆菌等。

④分解多环芳烃类物质（蒽、菲等） 一些产碱菌、假单胞菌和棒杆菌等。

⑤分解炸药成分 可分解三硝基甲苯（TNT）者有一些柠檬酸杆菌、肠肝菌和假单胞菌等，而可分解黑索金（RDX）的则有棒状杆菌等。

⑥分解芳香族磺酸盐 恶臭假单胞菌等。

⑦分解 1-苯基-十一烷磺酸盐（ABS） 一些芽孢杆菌等。

⑧分解聚乙烯醇（PVA） 一些假单胞菌等。

有一类物质称为外生物质或异生物质，是指一些天然条件下并不存在的由人工合成的化学物质，如杀虫剂、杀菌剂和除草剂等（多达 1000 余种）。其中有许多易被各种细菌或真菌降解；有些则须添加一些有机物作初级能源后才能被降解，这一现象称为共代谢；而还有一些则很难被降解，因此被称为顽拗物或难降解化合物。

(3) 污水处理的方法和装置

污水处理方法和具体装置很多，此处从能量的角度加以分类，以下仅列举使用较多的两类代表性装置加以简介。

①完全混合曝气法 又称表面加速曝气法，是一种利用活性污泥处理污水的方法。活性污泥指一种由活细菌、原生动物和其他微生物群聚集在一起组成的凝絮团，在污水处理

中具有很强的吸附、分解有机物或毒物的能力。其中的细菌有生枝动胶菌、浮游球衣菌和假单胞菌等，原生动物则以一些独缩虫、盖纤虫和钟虫为主。活性污泥对生活污水的 BOD_5 去除率可达95%左右。完全混合曝气法的运转过程是：将污水与一定量的回流污泥（作接种用）混合后流入曝气池，在通气翼轮或压缩空气分布管不断充气、搅拌下，与池内正在处理的污水充分混合并得到良好的稀释，于是污水中的有机物和毒物就被活性污泥中的好氧微生物群所降解、氧化或吸附，微生物群也同时获得了营养并进行生长繁殖。经一段滞留时间后，多余的水经溢流方式连续流入一旁或外围的沉淀池。在沉淀池中，由于没有通气和搅拌，故处理后的清水不断流出沉淀池，同时活性污泥团纷纷沉入池底，待积聚到一定程度时，再进行污泥排放。污泥可进一步进行厌氧消化处理。

此法实际上是一个利用多种天然微生物进行混合培养的连续培养器。为保证其顺利运转，还应保持适宜的温度（20~40℃）和配制合理的营养物浓度（一般 BOD_5：N：P＝100：5：1）。如果污水中具有某种特定的有毒物质，最好再补充接种具有相应分解能力的优良菌种。

②生物转盘法　这是一种土地面积紧张的大城市利用生物膜处理污水的方法。生物膜是指生长在潮湿、通气的固体表面上的一层由多种活微生物构成的黏滑、暗色菌膜，能氧化、分解污水中的有机物或某些有毒物质。生物转盘一般是由一组质轻、耐腐蚀的塑料圆板以一定间隔串接在同一横轴上而成。每片圆盘的下半部都浸没在盛满污水的半圆柱形槽中，上半部则敞露在空气中，整个生物转盘由电动机缓缓驱动。在运转初期，污水槽中的水流十分缓慢，为的是使每片圆盘上长好一层生物膜，称为"挂膜"。此后，污水流速可适当增快，这时，随着圆盘的不停转动，污水中的有机物和毒物就会被生物膜上的微生物所吸附、氧化和分解，从而使流经的污水得到净化。随着时间的推延，圆盘上的生物膜也会不断生长、加厚、老化和脱落，然后又长出新的生物膜。转盘上的生物以表层的好氧细菌为主，如一些芽孢杆菌和假单胞菌等，另有多种原生动物，如植鞭毛虫、纤毛虫和吸管虫等。

2. 固体有机垃圾的微生物处理

随着世界各国城市化进程的加快，当前，困扰着现代化大城市的城市垃圾处理问题正日益加剧。据报道，全球年产垃圾约 $4.9×10^8$ t，其中我国占1/4以上。以上海市为例，每天约产生近 $2×10^4$ t 垃圾，每年累计达 $7.4×10^6$ t，而全国则年产垃圾约 $1.5×10^8$ t，粪便约 $1×10^8$ t。从理论上说，"世界上没有真正的垃圾，而只有放错位置的资源"，但世界各国目前处理固体垃圾的方法还普遍停留在填埋、焚烧和堆肥3种传统处理方法上。近年来，包括我国在内的若干国家正在进行一项有关新技术的探索，并取得了良好的效果：在垃圾按类收集的基础上，利用多种好氧性的高温微生物能对有机垃圾（包括动、植物残体、动物粪便和厨余等）进行好氧性分解的原理，设计了一种"有机垃圾好氧生物反应器"。有机垃圾自投料口加入后，在一组搅拌翼的带动下，与腔体内拌有活性菌种的固体介质（木屑）充分混合。搅拌翼按要求间歇搅拌。在40~60℃和不断通入新鲜空气的条件下，由于以一些芽孢杆菌为主体的多种活性菌种的共同作用，有机垃圾被迅速降解，大部分被彻底分解为 H_2O、CO_2 和氨等气体，它们不断地自出气口逸出（其中 NH_3 的臭味可通过高温处理、溶入水中或被特种微生物去除），而剩余的仅是少量高肥效、黏附在木屑上的残留物。据报道，该装置即使在每日投料的情况下，也只3~6个月去除残渣一次，因此较好地达到了垃圾处理中的减量化、无害化和资源化的要求。

四、沼气发酵与环境保护

1. 沼气发酵的意义

据估计，地球上绿色植物的光合作用每年同化1.2×10^{11}~1.8×10^{11}t的CO_2，并合成约5×10^{11}t糖类。这些糖类通过不同代谢途径满足了几乎一切生物生存所需要的C、H、O元素和能量。由光合作用直接、间接产生的各种植物、动物和微生物体，包括它们的加工产物和残余物在内的一切有机物，称为生物物质、生物量或生物质。在地球上的生物物质中，尤其以植物的秸秆和其他动、植物残体的含量为最高，这是一类可再生资源或永续资源，若能有效利用，必将造福于人类。据估计，我国年产秸秆量达6×10^8t以上。

在如此丰富的生物物质资源的利用方面，存在着两种截然不同的观念和利用方式。第一类是传统的一步利用(即燃烧)的方式，它是化学能的一种"短路"反应，虽能快速释放其中蕴藏的化学能，但能量的利用率极低(仅约10%的热能)，另外，还产生少量肥效单调的草木灰。久而久之，当地的土壤会因缺乏氮肥和有机物的补充而肥力降低、结构被破坏和引起土地沙化等一系列恶性循环。第二类是现代的多层次梯级科学利用方式，即先把秸秆等生物物质加以粉碎，供牲畜作饲料，然后再将其粪便进行沼气发酵。通过这种深度利用，就可把蕴藏在有机物中的90%左右的化学能释放利用，同时，经沼气发酵后的残渣又是良好的有机肥料(甚至还可用作饲料或饵料添加剂)。此法的关键是沼气发酵，它充分发挥了生物物质所具有的饲料、燃料和肥料3个功能，不但促进了农村经济的发展，还能达到改良土壤、提高肥力和降低病虫害等效果，因此，是一项利国利民、能达到良性循环和可持续发展地力的一项农业生态工程。据统计，目前我国农村有家用沼气发酵池525万个，另有大中型沼气池3万余个。近年来，在我国北方地区创造的"三合一"生产模式，就是上述思想结合当地农业生产实际而发展出来的新的生态农业探索。这类生态农业的模式，对我国特别是西部地区农业生产的发展必将发生巨大的促进作用。

2. 沼气发酵的3个阶段

沼气又称生物气，是一种混合可燃气体，主要成分为甲烷，另有少量H_2、N_2和CO_2。沼气发酵又称甲烷形成，其生物化学本质是：产甲烷菌在厌氧条件下，利用H_2还原CO_2等碳源营养物以产生细胞物质、能量和代谢废物——CH_4的过程。CH_4是其厌氧呼吸链的还原产物。CH_4形成可分3个阶段：

(1) 水解阶段

由多种厌氧或兼性厌氧的水解性或发酵性细菌把纤维素、淀粉等糖类水解成单糖，并进而形成丙酮酸；把蛋白质水解成氨基酸，并进而形成有机酸和氨；把脂类水解成甘油和脂肪酸，并进而形成丙酸、乙酸、丁酸、琥珀酸、乙醇、H_2和CO_2。参与本阶段的水解性细菌包括：专性厌氧菌如梭菌属、拟杆菌属、丁酸弧菌属、真杆菌属和双歧杆菌属等；兼性厌氧菌如链球菌属和一些肠道杆菌等。

(2) 产酸阶段

由厌氧的产氢产乙酸细菌群把第一阶段产生的一些有机酸分解成乙酸、H_2 和 CO_2 的过程。产氢产乙酸细菌旧称奥氏甲烷杆菌，1967 年，M. P. Bryant 发现它实为两种细菌的共生体，其一是产氢产乙酸菌，称 S 菌（G^-，厌氧，能运动，杆状，能发酵乙醇产生乙酸和 H_2，当环境中 H_2 浓度高于 50.662kPa 时，生长受抑制）；另一称 MOH 菌（革兰氏染色可变，厌氧性杆菌，不能利用乙醇，但能利用 H_2 产甲烷）。

(3) 产气阶段

由严格厌氧的产甲烷菌群利用一碳化合物（CO_2、甲醇、甲酸、甲基胺或 CO）、二碳化合物（乙酸）和 H_2 产生甲烷的过程。

3. 甲烷形成的生化机制

(1) 产甲烷菌简介

产甲烷菌是重要的环境微生物，在自然界的碳素循环中起重要作用。产甲烷菌是一类必须生活在严格厌氧生境下并伴有甲烷产生的古生菌，其形态和生理、生化特性呈现明显的多样性。例如，细胞形态有球状（且排列方式多种）、短杆状、长杆状、螺旋状、扁平状和丝状等；革兰氏染色反应有阳性、阴性和不定性（因此，它在产甲烷菌的分类鉴定中作用不大）；生长所需碳源约有 10 种，除 CO_2 外，还有其他一碳化合物（甲酸、甲醇、甲胺等）和二碳化合物（乙酸等）；氮源一般为 NH_4^+，但多数种类还能利用氨基酸（因此，培养时可加少量酵母膏、酪蛋白胨等促进生长）；有的种类还需分支脂肪酸作生长因子（如瘤胃甲烷短杆菌等需辅酶 M）；等等。只有当产甲烷菌在利用 H_2 作 CO_2 还原剂以产生生物合成所需细胞物质，利用 CO_2 作电子受体以产生 ATP 和 CH_4，利用 NH_4^+ 作氮源，以及能自身合成生长因子时，它们才是化能自养菌。因此，只有少数产甲烷菌属于典型的化能自养菌。

根据《伯杰氏细菌系统分类手册》描述，产甲烷菌属于广古生菌门，共分 7 纲 9 目 16 科 50 属。迄今已有 5 种产甲烷菌基因组测序完成，使人们对产甲烷菌的细胞结构、进化、代谢及环境适应性有了更深的理解。

(2) 参与甲烷形成反应的独特辅酶

① 作 C_1 载体的辅酶

甲烷呋喃（MF） 又称 CO_2 还原因子，于 1982 年发现。是一种低相对分子质量辅酶，由酚、谷氨酸、二羧基脂肪酸和呋喃环 4 种分子结合而成。参与甲烷形成反应的第一步，即把 CO_2 还原为甲酰基水平，并与呋喃的氨基侧链结合，再转移到第二个辅酶上。

甲烷蝶呤（MP） 又称 F_{342} 因子，于 1978 年发现。是一种含蝶呤环的产甲烷菌辅酶，在 342nm 处呈现一浅蓝色荧光。其主要成分是叶酸。是 C_1 载体，可使甲酰基（—CHO）还原为甲基（—CH_3）。在菌体内，以还原态活性四氢蝶呤的形式存在。

辅酶 M(CoM)　即 2-巯基乙烷磺酸,于 1971 年发现,是已知辅酶中相对分子质量最小者,酸性强,在 260nm 处有吸收峰,但不发荧光。在甲烷形成的最终反应步骤中,充作甲基的载体,可使甲基还原酶-F_{430} 的复合物将甲基转化为甲烷。CoM 的化学结构虽很简单,但在甲基还原酶的反应中却有高度的专一性:它的许多结构类似物均无生物活性,其中的溴乙烷磺($Br—CH_2—CH_2—SO_3H$)还是产甲烷作用的抑制剂,即使在 $1×10^{-6}$ mol/L 时,也可抑制该酶的 50%活性,从而抑制产甲烷菌的生长,故它在研究天然生境下产甲烷菌生态规律中有一定的应用。

辅酶 F_{420}　一种黄色、可溶性、含四吡咯结构的化合物,作用与 CoM 相似,以甲基还原酶复合物的一部分而参与产甲烷作用的最终反应。F_{430} 的吸收光谱为 430nm,但与 F_{420} 不同,它无荧光发生。因 F_{430} 的结构中有 Ni,所以在培养产甲烷菌时,应加入微量元素 Ni。

②参与氧化还原反应的辅酶

辅酶 F_{420}　是一种黄素衍生物,其化学结构类似于一般黄素辅酶 FMN。氧化型 F_{420} 的吸收光谱为 420nm,可产生蓝绿色荧光,当呈还原态时,则荧光消失。这一特性在产甲烷菌的初步鉴定中十分有用。其生理功能是在低氧化还原势下作双电子载体,另外,它还有电子供体的作用。在产甲烷菌中,F_{420} 可作为不同酶的辅酶,如氢化酶和 $NADP^+$ 还原酶等。

辅酶 HS—HTP　即 7-巯基庚酰基丝氨酸磷酸,与维生素中泛酸的结构相似,在甲烷形成的最终反应步骤中作为甲基还原酶的电子供体。通过 CoM 对 HS-HTP 的还原,可使甲烷形成过程产生能量。

(3)甲烷形成中的主要反应

甲烷形成过程的总反应是:

$$CO_2 + 4H_2 \longrightarrow CH_4 + 2H_2O$$

经过无数学者的不懈努力,至今对上述过程的生化反应细节已基本搞清。甲烷形成中有以下几个主要反应:

①CO_2 的甲酰化　CO_2 被 MF 激活并随之还原成甲酰基。

②从甲酰基至亚甲基和甲基　甲酰基从 MF 转移到 MP,接着通过脱水和还原步骤后,分别达到亚甲基和甲基水平。

③甲基从 MP 转移到 CoM 上。

④甲基还原为甲烷　甲基-CoM 经甲基还原酶系还原为 CH_4。反应中 HS—HTP 作为电子供体,而 F_{430} 则作为甲基还原酶复合物的一部分而参与其中。

⑤产能反应　在甲烷形成途径中,仅最后一步反应产能。目前已知道的机制是:在由甲基还原酶-F_{430} 复合物催化 CoM—S—CH_3 产生 CH_4 过程中,还须有 HS—HTP 的参与,因此,在形成 CH_4 的同时还产生了 CoM—S—S—HTP。后者在异二硫化物还原酶的催化下,可把来自还原型 F_{420} 或 H_2 的电子传递给 CoM—S—S—HTP,但把质子 H^+ 逐出至细胞膜的外侧,由此造成的跨膜质子动势推动了 ATP 酶合成 ATP。与此同时,经 ATP 酶流入的质子可使带负电荷的 CoM—S—S—HTP 重新还原成 CoM—SH 和 HS—HTP。

(4)甲烷形成作用与细胞物质的生物合成

产甲烷菌在其长期进化过程中,早已把甲烷形成作用这一产能机制与生物合成反应紧密连接，通过两者各提供一个碳原子的方式而获得了对合成一切细胞物质所必需的关键性二碳化合物——乙酰辅酶 A(CoA)。

巩固练习

1. 名词解释

微生物生态学，贫营养细菌，水体自净作用，大肠菌群数，霉腐微生物学，真菌毒素，正常菌群，内源感染，微生态学，无菌动物，附生微生物，互生，共生，寄生，颉颃，丛枝状菌根，蛭弧菌，磷细菌肥料，细菌沥滤，富营养化，BOD，COD，活性污泥，生物膜，混菌培养，瘤胃微生物，氮素循环，发光细菌。

2. 问答题

(1) 检验饮用水的质量时，为什么要选用大肠菌群数作为主要指标？我国卫生部门对此有何规定？

(2) 微生物在自然界碳元素循环中有何作用？

(3) 为什么说微生物在自然界氮素循环中起着关键的作用？

(4) 为什么说在治理污水中，最根本、最有效的手段是微生物处理法？

(5) 沼气发酵分几个阶段？各阶段有何特点？

(6) 在甲烷形成过程中，发现了哪些独特的辅酶？它们各有何独特构造和生化功能？

(7) 甲烷形成作用与细胞物质生物合成途径是如何连接的？

(8) 生物发光的机制是什么？它在监测环境污染中有何优点？

参考文献

车振明，2008. 微生物学[M]. 武汉：华中科技大学出版社.
金月波，2014. 微生物应用技术[M]. 北京：化学工业出版社.
李莉，陈其国，2010. 微生物基础技术[M]. 武汉：武汉理工大学出版社.
李莉，冯小俊，2016. 微生物基础技术[M]. 北京：化学工业出版社.
李双石，2014. 微生物实用技能训练[M]. 北京：中国轻工业出版社.
刘晓蓉，2017. 微生物学基础[M]. 北京：中国轻工业出版社.
闵航，2003. 微生物学[M]. 北京：科学技术文献出版社.
普雷斯科特，2003. 微生物学[M]. 5版. 沈萍，译. 北京：高等教育出版社.
沈萍，陈向东，2016. 微生物学[M]. 8版. 北京：高等教育出版社.
苏锡南，2015. 环境微生物学[M]. 2版. 北京：中国环境科学出版社.
万洪善，2013. 微生物应用技术[M]. 北京：化学工业出版社.
于淑萍，2005. 微生物基础[M]. 北京：化学工业出版社.
周德庆，2011. 微生物学教程[M]. 3版. 北京：高等教育出版社.
周凤霞，白京生，2015. 环境微生物[M]. 3版. 北京：化学工业出版社.